XINZHI

Plants:
From Roots to Riches

绿色宝藏

英国皇家植物园史话

［英］凯茜·威利斯 卡罗琳·弗里 著
珍栎 译

生活·讀書·新知 三联书店

图书在版编目（CIP）数据

绿色宝藏：英国皇家植物园史话 /（英）凯茜 · 威利斯，（英）卡罗琳 · 弗里著；珍栎译. —北京：生活 · 读书 · 新知三联书店，2018.5 （2018.12 重印）
（新知文库）
ISBN 978 – 7 – 108 – 06161 – 4

Ⅰ. ①绿…　Ⅱ. ①凯… ②卡… ③珍…　Ⅲ. 植物园 – 历史 – 英国
Ⅳ. ① Q94-339

中国版本图书馆 CIP 数据核字（2018）第 017005 号

责任编辑　徐国强
装帧设计　陆智昌　康　健
责任校对　张　睿
责任印制　徐　方
出版发行　生活 · 讀書 · 新知 三联书店
（北京市东城区美术馆东街 22 号 100010）
网　　址　www.sdxjpc.com
图　　字　01-2015-8455
经　　销　新华书店
印　　刷　河北鹏润印刷有限公司
版　　次　2018 年 5 月北京第 1 版
2018 年 12 月北京第 2 次印刷
开　　本　635 毫米 × 965 毫米　1/16　印张 20
字　　数　241 千字　图 178 幅
印　　数　10,001 – 15,000 册
定　　价　48.00 元
（印装查询：01064002715；邮购查询：01084010542）

新知文库

出版说明

在今天三联书店的前身——生活书店、读书出版社和新知书店的出版史上，介绍新知识和新观念的图书曾占有很大比重。熟悉三联的读者也都会记得，20 世纪 80 年代后期，我们曾以“新知文库”的名义，出版过一批译介西方现代人文社会科学知识的图书。今年是生活·读书·新知三联书店恢复独立建制 20 周年，我们再次推出“新知文库”，正是为了接续这一传统。

近半个世纪以来，无论在自然科学方面，还是在人文社会科学方面，知识都在以前所未有的速度更新。涉及自然环境、社会文化等领域的新发现、新探索和新成果层出不穷，并以同样前所未有的深度和广度影响人类的社会和生活。了解这种知识成果的内容，思考其与我们生活的关系，固然是明了社会变迁趋势的必需，但更为重要的，乃是通过知识演进的背景和过程，领悟和体会隐藏其中的理性精神和科学规律。

“新知文库”拟选编一些介绍人文社会科学和自然科学新知识及其如何被发现和传播的图书，陆续出版。希望读者能在愉悦的阅读中获取新知，开阔视野，启迪思维，激发好奇心和想象力。

生活·讀書·新知三联书店

2006 年 3 月

The BOTANIC MACARONI

植物学界的马可罗尼，Matthew Darly 所制铜版画，1772 年

目　录

序　言

植物在地球上出现得比人类要早。远在 38 亿年前，它们就先在海洋里建立了自己的栖息地。后来，大约 4.8 亿年前，当陆地从海水中浮出的时候，植物便随之亮相，给地球的表面覆盖上了薄薄的一层绿色地毯。相比之下，人类在地球上立足的历史则不过短短的 200 万年。

植物物种比人类多。据信，地球上大约有 50 万种植物，相比之下，现代人类只有一种。就有机碳的总质量而言，两者也相差悬殊——在陆地上，植物约是动物的上千倍。

人类离不开植物。植物为我们提供氧气、食物、服装、住房、燃料、医药和运输工具，以及可存储知识的纸张。它们为我们所从事的一切事情提供基本原料，无论人类索取多少，至少到目前为止，它们都源源不断地生产出来。我们需要搞清楚这个惊人的、毫无怨言的慷慨资源的来龙去脉，了解它是如何运行的，以及如何保护它。我们需要制止由于疏忽、意外或故意犯下的错误而使这种宝贵的资源遭到破坏。

尽管地球上的植物如此重要，但令人惊讶的是，人们将之作为一门真正学科的历史不到 200 年。如我们所知，植物学在科学殿堂中的辈分较低，它不得不格外努力奋争，来为自己赢得一席之地。植物学研究的很大一部分工作是在英国皇家植物园——邱园（Kew Gardens）——完成的。这座美丽的园林坐落在悠缓蜿蜒的泰晤士河畔，它位于伦敦西面，离市中心约 10 英里。

邱园是在 1759 年由奥古斯塔（Augusta）公主创立的，她的丈夫是英王乔治二世（George Ⅱ）的长子，即威尔士亲王弗雷德里克（Frederick）。邱园占地 300 英亩，约合 121 公顷，作为一座皇家花园和大众喜爱的休闲场所，在伦敦郊外高档社区的扩张过程中，它一直被保存下来。当鼓捣植物发展成为一门科学学科之后，邱园便很自然地成为一个理想的研究基地。这种部分是公共园林、部分是科研机构的植物园便从此诞生了。随着时间的推移，植物园如雨后春笋般大量出现，遍布世界，在全球形成了一个独特的植物生命网络，无奇不有，气象万千。

今天，在邱园里工作的科学家有三百余名，包括为植物命名的分类学家、做比较研究的系统学家，以及自然保护学家、植物防疫检疫专家及其他研究人员。他们的研究课题包括土地使用、植物的天然价值和食品问题等，其影响波及社会、政治和经济各个领域。毋庸置疑，自邱园创立 250 年以来，科学有了翻天覆地的变化和突飞猛进的发展，譬如对分子生物学的理解，以及用来揭示其奥秘的技术。但是，早年的科学家们试图回答的一些问题至今仍然悬而未决。

最早的植物科学家是一批真正的开拓者。他们经常要同世人的偏见和冷漠做斗争。在过去，植物学并不是正宗的科学学科，顶多被视为一门非正统的学问，供绅士和淑女们消闲解闷儿。绝大多数的植物学家最初都是从事其他职业的——花匠、工程师，有的甚至是和尚或修士。他们被视为有古怪癖好的人。有些人在帝国的对外征服和探险活动中被允许随行，譬如约瑟夫·班克斯（Joseph Banks）参加了詹姆斯·库克（James Cook）船长率领的第一次远洋航行，但仅此而已。这些先行者中有一些赫赫有名的人物，他们的成功事迹或悲剧故事引人入胜。当然，也有些人默默无闻或失败了，他们做出的推断是错误的，甚至误入了歧途。不过，真正奇妙无穷的是植物本身。来自帝国各个角落的稀奇古怪的植物，从小巧如蜜蜂的兰花，到人可在上面行走的巨大睡莲，激发了人们移植、栽培并往往尝试食用的兴趣，以及观赏和探索其奥秘的强烈欲望。

一位伟大的科学家曾经说过，最重要的工作不是积累信息，而是提出挑战性的问题并找出答案。当今世界面临的一些最严重的挑战是：气候变化（尤其是大气层中二氧化碳的增加）、人口增长、食品安全和疾病防治。这些问题都同人类与植物的共生关系紧密相连。植物肯定能够为我们提供某些解决办法。今天，植物学的术语比以往增加了很多，面临问题的层次也不同了，我们大可以满怀信心地说，人类绝不会再允许由于缺乏对遗传多样性的了解而导致整个国家出现大饥荒——如 19 世纪 50 年代在爱尔兰发生的悲剧。不过，通过这本书，我们会惊讶地发现，早已仙逝的拓荒者们提出的问题仍未解决：植物究竟是如何将自身的有用性状传递给下一代的？现代遗传学之父格雷戈尔·孟德尔（Gregor Mendel）凝视着豌豆如此发问。当政治践踏了科学的自由，会发生什么悲剧？列宁格勒（今圣彼得堡）失陷后，尼古拉·瓦维洛夫（Nikolai Vavilov）领导的研究小组成员为了保存植物标本，竟在冰冷的地下室里活活地饿死，因为那些珍贵的标本未来可能成为千百万人的食粮。

本书是对植物学产生及其发展历史的独特考察，它清晰地列出了这一学科从古至今的演进时间表。书中突出介绍了200年来植物学研究所取得的重大突破，并将之放在历史的大背景之中，通过邱园这一显微镜来进行细致观察。邱园是某些重大突破的领军者，亦对其他研究机构取得的成果做出了相应的贡献。邱园始终发挥着一个信息中心的重要作用，搜集和交换着从全球各个角落发现的植物标本和知识领域的思想成果。

邱园至今仍在扮演这样一个角色，故事还在继续。科学家们在孜孜不倦地工作，尽管不再像当年有那么多身穿马甲、灰髯飘拂的怪人和狂迷者了。假如它的首任园长威廉·杰克逊·胡克（William Jackson Hooker）及同时代的植物学家乔治·边沁（George Bentham）泉下有知，他们无疑会深感欣慰。今天的邱园，一如既往地坚信植物对于地球和人类生存的重要性；从植物身上汲取知识和创意，是邱园始终如一的宗旨。

我们比以往任何时候都更加需要这些知识和创意。

凯茜·威利斯

2014年6月

第 1 章

植物命名：老苏铁的见证

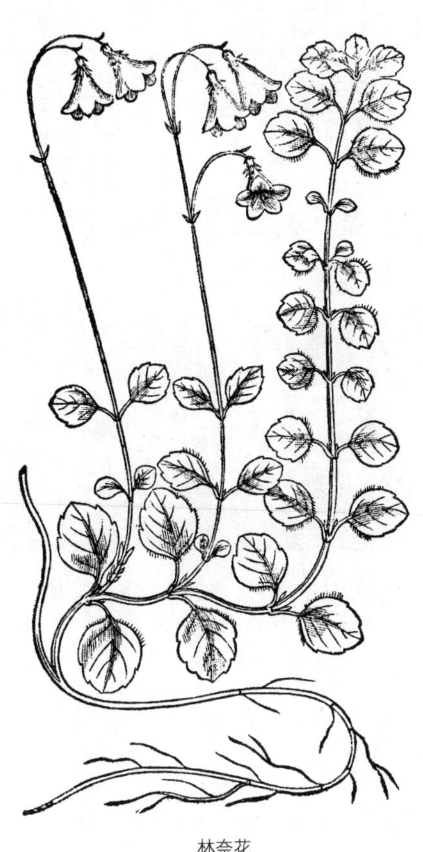

林奈花

卡尔 • 林奈的肖像，引自林奈：《自然系统》，1748 年

穿过大门，进入邱园，首先映入眼帘的是一座宏伟的大教堂式玻璃暖房，名叫棕榈屋（Palm House）。在棕榈屋的最南端，住着一位资历最老的居民：一株苏铁，这是一种类似棕榈的树木。它的树皮仿佛镶嵌了一颗颗钻石，使之看上去像一条蜿蜒几米长的鳄鱼，一直爬向玻璃穹顶，闪烁着幽暗光泽的叶冠在顶端伸展开来。这株苏铁虽然不是一位显耀的美人，但出于以下几个原因，它不愧为一个令人惊异的角色。首先，它属于具有非凡寿命的一类植物。苏铁同针叶植物是近亲，结球果，在地球上已经存在了 2.8 亿年，历经多次气候巨变，在恐龙绝迹之后仍然得以幸存。它的家族史比大多数开花植物和哺乳动物的都要绵长久远。

这株苏铁还有一点很值得自豪，它很可能是世界上最高寿的盆栽植物，岁数恐怕比邱园还要大，更不必说比目前人们所知的植物命名系统更古老了。听起来令人难以置信，但它确实自 1775 年就在邱园安家了，比美国建国还早一年呢。在小冰河期末冰封的泰晤士河畔，这株苏铁茁壮地生长，历经拿破仑战争和人类第一次乘蒸汽机车旅行等重大历史事件；先后陪伴着英王乔治三世

(George Ⅲ)、维多利亚（Victoria）女王和查尔斯·达尔文（Charles Darwin）度过他们的一生。它堪称一位常青不老的见证者，目睹了植物学的研究和邱园的演变。研究植物曾经是有闲绅士的一种癖好，如今成为世界上一项具有重要意义的科学职业。在各国政府和有关组织的支持之下，科学研究人员全力以赴地应对和解决影响世界经济乃至保护地球的重大问题，在这一事业中，邱园发挥着举足轻重的作用。

这株苏铁祖籍南非，是由弗朗西斯·马松（Francis Masson）带到邱园的 500 株植物标本之一。马松是邱园历史上的第一位植物搜集者。1773 年，根据邱园的事实园长（de facto director）约瑟夫·班克斯的特别指令，他在东开普省（Eastern Cape）的热带雨林中挖出了一株幼小的苏铁。它历经两年的漫长旅程，经陆路换水道，先从海上航行到英国，然后顺着泰晤士河乘船抵达邱园。倘若乔治三世的母亲奥古斯塔公主当时依然在世的话，无疑会对这株苏铁的平安惠临感到欢欣鼓舞。当奥古斯塔公主在 1759 年建造邱园时，她的憧憬是“将全世界已知的植物囊括”于这座花园之中。

18 世纪末期，当这株珍贵的苏铁在邱园安家的时候，考察植物的实践在西方已有 2000 多年的历史，一直可以追溯到古希腊时期。大约在公元前 300 年，亚里士多德（Aristotle）的学生、哲学家暨自然科学家特奥夫拉斯图斯（Theophrastus）发表了现存最早的植物学专著——九卷本《植物考察》(*Enquiry into Plants*）和六卷本《植物本原》(*Causes of Plants*)。他在书中描述了地中海及周边地区的约 500 种植物，标示出了树木、灌木、草本植物和谷物的各种特征，并且研究了植物的汁液及其医药用途。在提要中，特奥夫拉斯图斯探讨了如何对植物进行分类，并论及识别和确定其基本成分的难度。有关希腊本地植物的大部分信息均来自他的亲自观

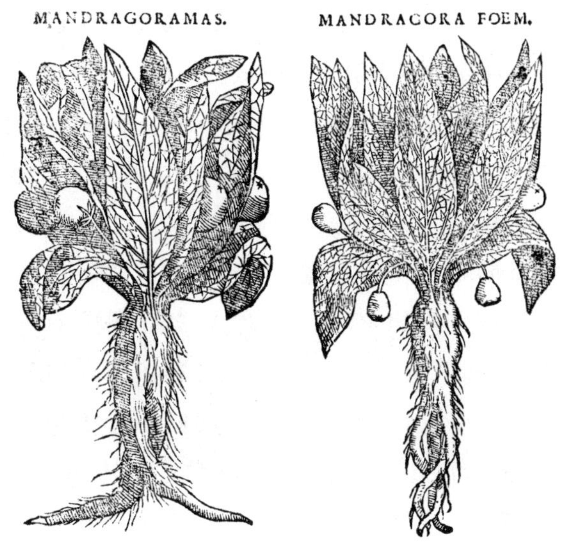

曼德拉草，引自狄奥斯科里季斯：《药物志》，1586 年

察。更令人惊讶的是，他当时采用的研究方法是很现代的。他反复思考植物的组成部分是否同动物的机体直接对应，并且质疑花朵、绒絮、叶子和果实是否应当被视为植物的组成部分，因为它们的存活期明显地比植物本身要短。

特奥夫拉斯图斯通常被誉为“植物学之父”，因为他所做的绝大部分工作都是现代植物学研究的铺路石。他不仅采用了系统的观察技术，还创造出了植物学的术语，便于人们讨论和交流，并且率先使用了分级的命名系统。他的兴趣扩展到植物世界的所有方面，包括植物分布同气候的关系。更堪与英国维多利亚时代植物学发展水平并行的是，他十分重视植物的可用性，搜集了有关植物的医药用途和园艺方面的大量信息。然而，特奥夫拉斯图斯的目标显然是要充分揭示植物的奥秘，而不仅是写一本实用型手册。

继特奥夫拉斯图斯之后，许多植物学文献均专注于考察植物的医药用途。公元 50 年，狄奥斯科里季斯（Dioscorides）——据知是罗马军队里的一位医生——在《药物志》（*De materia medica*）一书中列举了 650 种具有治疗效用的植物，并提供了大量试用和检验信息，在后来的 1500 年里，该书被人们广泛地参考和引用。及至 15 世纪，植物学家已经创造出了初级的分类系统，并且掌握了种类繁多的植物性能知识。此时的药用植物园，或称“草药圃”（gardens of simples），通常坐落在修道院和医学院里。这类花园在 16 世纪获得了更为系统的发展，被称为“草药园”（physic gardens）。最早的“草药园”是 1544 年在比萨和 1545 年在帕多瓦建立的，之后很快遍布佛罗伦萨、博洛尼亚、莱顿、巴黎和牛津等城市。早在 1555 年初，西班牙的御医安德烈·拉古纳（Andrés Laguna）便试图这样说服国王：“在意大利，所有王公的府邸和大学校园里都骄傲地拥有自己的花园，里面栽培着从世界各地搜罗来的植物，种类繁多，美轮美奂。故而，尊贵的陛下，我们至少应当在西班牙建造一座这

帕多瓦的“草药园”，建于 1545 年

样的花园，用皇家的津贴收入来支付维持费用，这是再恰当不过的了。”

起初，这些草药园的面积不大，花圃呈整齐的几何形图案，对植物布局的考量主要是基于审美和象征意义。到了 1600 年，较切合实际的设计日渐成为一种规范，即根据植物的产地或物种来进行布局。草药园同医学院的关系紧密，为药剂师学徒提供了识别植物和学习制药的课堂。草药园十分强调准确地命名植物，这对于利用它们的药用性能来说至关重要。由此，现代的植物标本馆（收藏经过干燥压制、固定在纸卡上的植物）便建立起来。从很多方面来看，现代植物园（如邱园）是传统草药园的直系后裔，它们搜集的内容包括鲜活植物和干燥植物标本，以及有关书籍文献。

然而，没过多久，草药园的角色就从栽培药用植物转变为展示奇花异草了。随着克里斯托弗·哥伦布（Christopher Columbus）发现美洲，瓦斯科·达·伽马（Vasco da Gama）开辟了直达印度的航路，世界前所未有地开放了，越来越多新发现的植物通过海路被运到欧洲。植物学的知识迅速膨胀，1686 年，英国博物学家约翰·雷（John Ray）在《植物通史》（*Historia plantarum generalis*）一书中罗列了 17000 种植物。

不过，约翰·雷及其同时代人仍然面临着特奥夫拉斯图斯遇到的难题——如何对新发现的植物进行分类和给它们命名。17 世纪后期，包括约翰·雷在内的一批植物学家开创了以种、属、科进行分类的方法，它成为现代植物学的基础。约翰·雷是一个乡村铁匠的儿子，在当地牧师的帮助下进入剑桥大学深造。他周游了整个欧洲，广泛搜集各地的植物。他反复思索植物的哪些特征最适用于区分种类，主张找出植物的“基本”特征，换言之，即稳定不变的部分，如花朵和种子；而不是那些“偶然”特征，如形状、大小或气味。正如其他杰出的植物学家一样，约翰·雷的兴趣广泛，他对探索植物的内部机理——植物生理学——也做出了重要贡献。他撰写的《植物通史》被视为现代植物学的第一本教科书。

尽管当时在植物分类方面已经取得了很大的进展，但是，进一步的探索遇到了一个重大障碍，即同一种植物有好几个名称，而且往往冗长烦琐，比方说，一种雏菊的拉丁文名字竟长达三行。此外，由于植物学家们对于“植物的哪种特征更重要”持不同看法，植物名称的内容排序也就可能不同。比方说，是将“带刺的叶”放在首位，还是将“红色的花”放在首位更恰当？正如科学史作家吉姆·恩德斯比（Jim Endersby）所描述的：

> 名称是造成巨大混乱的一个原因。每个植物园的园长、每位收藏家和植物专业的学生都有自己的一套系统。要搞清楚到底有多少物种简直是不可能的，因为没有任何专家会达成一致的意见，没有任何人使用相同的系统。由于植物名称的这种巴别塔[①]现象，事实上，植物学家在互相交流的时候，根本听不懂对方在讲什么。每个人不仅有自己本地的植物名称，在许多情况下还有自己的学术体系，而且，他们常常是用不同的语言说话和写作的。

有一个人敏锐地意识到了这个问题，他就是酷爱植物的瑞典博物学家卡尔·林奈（Carl Linnaeus）。林奈从童年时代就开始考察、搜集并记录本地植物的生长状况。他的父亲是一位牧师，又是热忱的园丁；据家族故事记载，父亲曾用花朵装饰林奈的摇篮，还让他坐

① Tower of Babel，源于《圣经》故事。人类原本说同一种语言，大洪水之后，所有的人都聚集到希纳尔（Shinar），准备建造一座城市和一座通天塔。上帝便搞乱了人们的语言，使他们不能互相交流。——译者注（下文脚注如无特殊说明均为译者注）

在草地上，手里握着一朵花。林奈成年之后去研习医学，最终成为瑞典乌普萨拉大学（Uppsala University）的一名教授，对医学做出了重要贡献，尤其是将营养问题纳入预防性医学的研究。他还对拉普兰地区[①]的萨米人（Sami）进行了考察，堪称医学人类学的先驱。不过，他的名声主要是建立在为动植物命名的基础之上的。

林奈十分关注自己国家的未来，他担忧瑞典的土地和资源有限，依赖进口货物，加之统治阶级日益堕落，最终可能会导致国家破产。瑞典需要开辟一种新的财富来源。林奈给出的答案是：充分利用从英国、法国、西班牙、葡萄牙和荷兰的殖民地运至欧洲海岸的大量植物。他认为，假如舶来商品，如茶叶、水稻、椰子等，可以在瑞典栽培，瑞典便能做到自给自足。他似乎没有考虑到，热带地区的植物在瑞典的寒冷环境下也许不会正常生长。他兴奋不已地说："如果椰子能从树上掉到我的手里，那就好比一张嘴，油炸的极乐鸟就飞进了我的喉咙一样！"

特奥夫拉斯图斯和林奈都对经济植物抱有浓厚的兴趣，这不是偶然的，因为植物的应用研究一直是植物学的中心问题，这部分是由于医学同植物学之间存在着密切的关系，在过去的时代，大多数药物都是直接来自植物的。17—19 世纪欧洲的许多植物学家皆为学医出身，其中包括林奈、达尔文和邱园的约瑟夫·胡克（Joesph Hooker）。

林奈对植物学做出了两大贡献，一是始创了实用可行的分类系统，它可用于所有的植物（以及其他生物）；二是建立了现代的命名系统，它以植物的种和属为依据，而非采用冗长的词语。借助于他提供的这两个系统工具，18 世纪航海探险中发现的大量新植物

---

① Lapland，欧洲最北部的一地区，包括挪威北部、瑞典和芬兰以及苏联西北部的科拉半岛。这个地区大部分在北极圈之内。

就很容易被分类和命名了。直到那时，植物学从来都是富裕阶层的兴趣爱好，林奈作为一名清贫的学生，很难有接触植物学文献的渠道。他后来出版了廉价的手册来介绍自己的研究方法，为新手或业余植物学家提供方便，这当然不是偶然的。

1735年，年仅27岁的林奈出版了《自然系统》(*Systema Naturae*）一书，他在书中将植物分为五个层次：纲、目、属、种、变种。首先，林奈依据雄性器官（雄蕊，他喻之为“丈夫”）的数目和相对长度，将开花植物分为23纲。“单雄蕊纲”(*Monandria*)，例如美人蕉，只有一个雄蕊，即“婚姻中的一个丈夫”。“双雄蕊纲”(*Diandria*)，例如维罗妮卡，有两个雄蕊，被喻为“一个婚姻中有两个丈夫”。第20纲“多雄蕊纲”，例如罂粟，类似于“20个或更多的男子在床上共拥一个女子”。他后来增加的第24纲——隐花植物，如苔藓，似乎是没有性器官的。接下来，林奈又依据这些植物的雌性器官进一步在“纲”的下面分出了“目”。

林奈在分类法中使用性的术语，招致了众多非议（毕竟植物学一直被视为上流社会年轻淑女的一种无害的消遣)。“对林奈植物学基本原理的直译足以让矜持羞涩的女性感到惊骇，”后来当上英国卡莱尔（Carlisle）主教的牧师塞缪尔·古迪纳夫（Samuel Goodenough）大惊失色地说，“许多德行良好的学生可能一头雾水，不知如何根据阴蒂的外形来辨认蝶豆属（*Clitoria*）植物的相似性。”尽管出现了反对的声音，但是，这种分类系统仅根据花朵的特征便建立的植物之间的“人造”关系，具有很强的实用性，据此，敏锐的植物学家便可以快速地按照归属关系将标本分类。

那么，如何解决冗长烦琐的拉丁名称问题呢？在可以纯熟地对“属”和“种”的生物体进行分类的基础上，林奈进而提出了“双名制”命名法。他将“属”解释为具有相似花卉和果实构造的植物

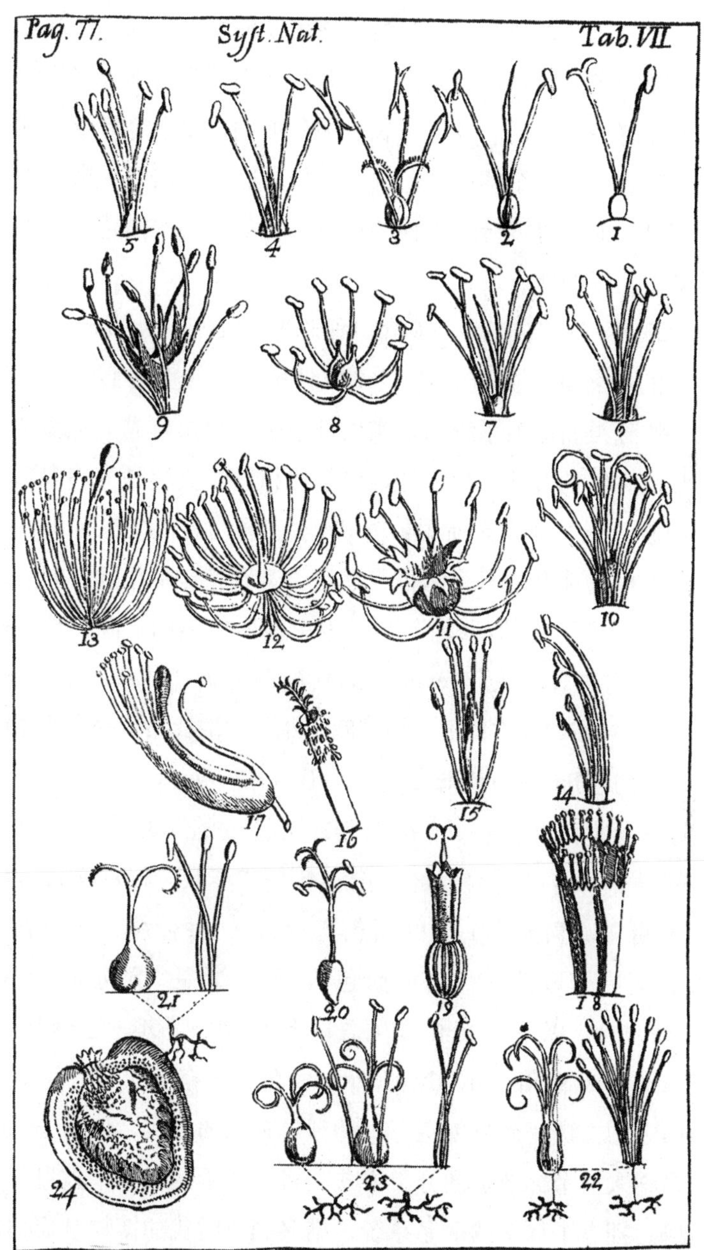

卡尔·林奈《自然系统》一书的插图

群。同时他主张，一个“种”名应该可以将同一“属”的某种植物与其他植物区分开来。至此，植物名称便不再需要不厌其烦的描述了。依照这种系统，一旦有了属名和种加词，就很容易查找到有关的具体描述。在这个体系中，一个植物的名称不需要提供“种”的共同信息，而是可以传达其他的信息，比如第一次描述它的人，或是最早被发现的地点。

1753年，林奈出版了《植物种志》(*Species Plantarum*) 一书，采用新的双名制分类法命名了6000种植物，并对它们做了详细描述。他的分类和命名系统由于实用性很强，很快就成为植物学研究领域最受青睐的方法，相应地，也使得植物学更容易为许多新的听众所理解。正如他本人所说：“植物学家同门外汉之区别即在于：他能够为植物命名。一个名称仅适用于某种特定的植物，并且全世界的人都能理解它的所指。”为了表彰他所做出的贡献，瑞典的一种本地植物“双生花”(twinflower) 被命名为“林奈花”(*Linnaea borealis*)。林奈曾大力提倡种植“双生花”来取代昂贵的中国茶叶。

邱园的老苏铁——南非大凤尾蕉 (*Encephalartos altensteinii*) ——应该像其他所有动植物一样感谢林奈，由于他的发明，它才有了一个简洁的学名，这包括两个部分：属名是“苏铁”(*Encephalartos*)，源于希腊文，意为“头上的面包”，来自一种传统食用方法（从苏铁的茎中榨取淀粉，制成面包）；种加词是“阿尔滕斯坦尼”(*altensteinii*)，以19世纪的德国总理卡尔·冯·斯坦·楚·阿尔滕斯坦 (Karl vom Stein zum Altenstein) 命名。林奈不仅设计了一种给生物命名的方法，而且创造了一种理解它们的方式。他希望，通过把生物纳入一个标准化的分类方式，将有助于揭示整个大自然的运行奥秘。拥有了林奈的命名系统，维多利亚时代的博物学家们便掌握了植物文法和花朵语言。

第 2 章
全球探险：植物搜集者的足迹

培育蕨类植物的沃德箱（Wardian case）

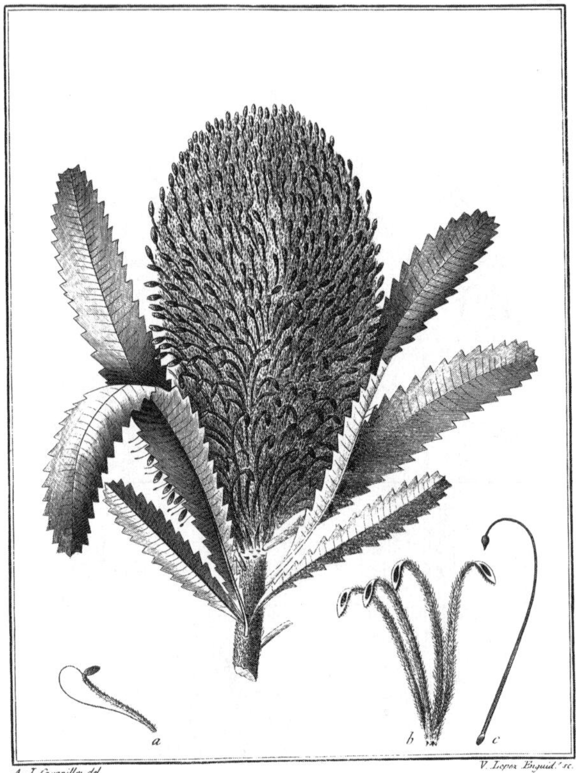

锯叶班克木（*Banksia serrata*），原产澳大利亚，最早由约瑟夫·班克斯搜集，故以他的名字命名

在伦敦的皮卡迪利（Piccadilly）大街上，游客和上班族川流不息。在他们的脚下，隐藏着一个戒备森严的地下保险库。这座坚固的建筑是 1969 年建造的，外面是一道厚重的丘伯保险门，里面是一道木门，两道门之间是一个气闸舱。保险库里有一台仪器，它昼夜不停地记录着温度和湿度，以供工作人员随时监测和掌控。这个长 5 米、宽 4 米的无窗保险库里究竟藏着什么东西呢？根据它所享受的如此高规格的“特权”，人们可能会猜测是珠宝或金银；然而，它储存的是另一种财富。

它保存的是卡尔·林奈遗留下来的文献和生物标本。一排排的红木架上，掩蔽的抽屉里，玻璃盖盒子中，收藏着成千上万的蝴蝶、甲虫和贝壳标本；系着丝带的文件夹里，珍藏着 14000 余件干燥植物标本；此外，还有林奈的小笔记本，以及影响深远的专著《自然系统》和《植物种志》的原始手稿。

林奈是瑞典人，他一生的大部分都是在自己家乡度过的，但他的有形遗产保存在英国，这不禁令人感到奇怪。事实上，这几乎是一个偶然事件的结果。

1778年，这位伟人于70岁时去世，他的收藏遗传给了妻子萨拉·丽莎（Sara Lisa）。萨拉希望林奈的收藏能够得到很好的保护，便向班克斯写信求助。班克斯展读她的来信时，正在跟一位年轻的博物学家共进早餐。他的名字叫詹姆斯·爱德华·史密斯（James Edward Smith），其父是一位富有的羊毛商人。班克斯建议史密斯将林奈的收藏全部买下来，说这将有助于他在科学界立身成名。

史密斯的父亲开始不大情愿为此出资，但最终还是慷慨解囊了。于是，史密斯获得了林奈一生的劳动成果：14000余种植物、3198种昆虫、1564种贝壳、约3000封信件和1600多册书籍。不久之后，他又创立了林奈学会（Linnean Society）。如今这处地下室里保存的财富，便是林奈的这笔宝贵遗产。史密斯的这一购买行为发生在植物学历史上的一个关键时刻，它为英国提供了丰富的原始资料，从而发展和完善了林奈创立的自然界分类系统。

关于这个历史事件有一个传说：当瑞典人得知林奈的标本和藏书落入他国之手，它们已被运离海岸，于是他们派出炮艇去追赶开往伦敦的船只，但由于收藏品都被精心地包装了起来，瑞典人没有找到任何证据。很自然，1788年2月，约瑟夫·班克斯在写给瑞典植物学家和分类学家奥洛夫·斯瓦茨（Olof Swartz）的信中对此只字未提。他只是告知斯瓦茨关于新学会创立的消息：

> 上个星期二，这里成立了一个新的学会，由史密斯博士主持，他购买了林奈的全部标本。学会名为“林奈学会”，其宗旨是公布发表新的植物和动物物种。我个人倾向于认为，这一机构可以精心地保护林奈的收藏（避免被不当之人染指），从而为促进植物学研究的发展所用。

1873 年，该学会迁入了现址伯灵顿宫（Burlington House）的一翼。今天，会议室的正面墙壁中心挂着林奈的肖像，下方是一座高大的橡木讲台，上面镌刻着林奈的标志花卉——挑战茶叶地位的双生花。荷兰植物学家简·赫罗诺维厄斯（Jan Gronovius）将它命名为“林奈花”：伟大的分类学家林奈虽然深爱这种花卉，却自我调侃地描述它是“拉普兰地区的卑微植物，微不足道，无人留意，虽开花但转瞬即逝——恰如林奈其人”。林奈倡议用这种植物制作拉普茶（Lapp tea），可这件事不像他发明的植物命名系统那么成功；他的儿子——也是一位植物学家——后来说，双生花泡出的茶味道“很糟糕”。

协助保护林奈收藏的约瑟夫·班克斯，是 18 世纪最杰出的绅士学者和干练的事务家之一。由政府资助的专业科学家职位直到 19 世纪末期才开始建立；在此之前，钻研科学的人中绝大多数是兼职的其他专业人士，或者是家境富裕的喜欢探索的绅士。在英国自然博物馆诞生之前，个人需要拥有很丰厚的财富，才有可能建立大规模的私人收藏室和图书馆；即使是在 1753 年根据汉斯·斯隆（Hans Sloane）的遗嘱而建立的大英博物馆，它的生物收藏也长期处于管理不善的状况。

1761 年，班克斯的父亲去世，他继承了林肯郡里夫斯比（Revesby）的大片地产，这笔财富完全能够满足他全身心地投入植物研究的需要。在牛津大学就读时，班克斯发现在职的那位植物学教授不愿意给学生讲课（事实上，他在 35 年中只讲过一堂课），于是便自费从剑桥大学聘请了一位植物学教授。早年的这件逸事表明，班克斯行事果断，为了实现自己的目标，毫不吝惜金钱。

1768 年，由班克斯出资，他自己和另外七个人，包括林奈的学生丹尼尔·索兰德（Daniel Solander），随同詹姆斯·库克航海远征，目的是去观察“金星凌日”现象，并寻找“未知的南方大陆”。那个神秘的地方被认为是“平衡”北半球的一块大陆。博物学家约翰·埃利斯（John Ellis）给年迈的林奈写了一封信，向他描述了这次探险的准备情况：

> 在迄今为止的航海探险队中，从没有人像他们这样充分具备考察博物学的专业资格；也从没有人像他们这样行头考究。在他们的船上，有丰富齐全的博物学藏书；有多种捕捉和保存昆虫的机械设备；形形色色的捕网、拉网、拖车，可从珊瑚中捕鱼的钩子；甚至还有一架奇特的望远镜装置——当水清澈的时候，可以观察到很深之处。有许多箱不同大小的酒精瓶，带有磨口塞，可将动物标本保存在里面。他们还预备了好几种盐，用以保存种子；还有各种蜡，包括蜂蜡和杨梅蜡。远征队中包括两位画家和绘图员，以及几名志愿者——他们的博物学知识都还说得过去；总之，索兰德肯定地对我说，为了这次远征探险，班克斯先生将要破费1万英镑。

1768年8月，“奋进号”（*Endeavour*）从普利茅斯（Plymouth）出发了。虽然这支探险队最终没有远至南极洲，但它确实抵达了对跖点（Antipodes），即澳大利亚和新西兰一带。它先后在马德拉群岛（Madeira）和里约热内卢停泊，然后朝南驶向火地岛，在那里，由于判断失误，班克斯的两名助手在雪地里采集植物时不幸被冻死了。远洋探险的成果是将许多新物种带到了欧洲，大大激发了人们研究植物学的兴趣，但旅程本身是非常危险的。

那年的圣诞节是在海上度过的。班克斯在日志中写道：“圣诞节。所有虔诚的基督徒，也就是说，全部得力人手，都喝得酩酊大

“奋进号”探险队在“新荷兰”（澳大利亚的新南威尔士州）的海岸，1770 年 6 月

醉，所以，整个夜晚，船上没有一个清醒的家伙。天气嘛，感谢上帝，非常温和，或者上帝知道什么命运在等待着我们。”离开南美洲后，探险船访问了塔希提岛（Tahiti）和新西兰，之后于 1770 年在丰饶肥沃的澳大利亚东海岸登陆。库克将这个地方命名为新南威尔士（New South Wales），并宣布它属于英国。班克斯说服库克，将他们第一次登陆的海湾命名为“植物湾”（Botany Bay），因为那里的植物生长异常繁茂。经过数日醉心搜集和研究千奇百怪的植物，班克斯写道：“我们的植物搜集数量现在如此巨大，因而必须格外小心照管，以免在书中变质。”因为采集者将它们夹置在书页之间，逐渐干燥。

班克斯的日志也记载了水手们同植物湾的澳大利亚土著之间不愉快的交往，以及他第一次见到的袋鼠：“像猎狗一样大的动物，鼠色的毛皮，动作极其敏捷。”离开植物湾后，探险船顺着海岸线向北驶去，班克斯在沿途发现了在东印度见过的一些植物。他们继续前行，到达了如今叫作莫顿湾（Moreton Bay）的地方，班克斯写道：

> 我们上了岸，发现了一些从未见过的植物，然而，比起上一个登陆地点，这里有更多的植物是在东印度曾经见过的。有一种茅草给我们带来了不小的麻烦。它的种子上布满了锋利的倒刺，一旦沾到衣服上，倒刺就容易进一步嵌进皮肉。这种茅草四处都是，无法躲避，再加上蚊子的疯狂围攻，我们几乎无法忍受，一路行进得十分艰难。

然而，最终结果表明，他们经历的所有艰难困苦都是值得的。在“奋进号”探险之旅中，班克斯及其助手丹尼尔·索兰德采用林奈的全新植物分类法，设法搜集和识别了3600种植物，其中1400种是首次为科学界所知。1772年回到英国后，班克斯受到乔治三世的接见，俨然一位名流。就在他刚返回英国时，有一幅著名的漫画把他描绘成一位“植物学界的马可罗尼[①]”。马可罗尼指的是四海游学的纨绔子弟，此处既表明班克斯的探险之途漫长遥远，又暗含着世人对他的普遍看法——一个雄心勃勃的社会阶梯攀爬者，而不是一名严肃的科学家。

班克斯还计划跟库克船长进行第二次远征，但是他提出要带上15名随员，包括两名圆号手。库克对此表示异议：这么多乘员将使船只超载，不修改计划便无法成行。结果，班克斯退出了库克的远征队，自行组织了一班人马到冰岛探险，声称希望用自己的团队

① 原文为“macaroni”，早期拼写为“maccaroni”，是一个贬义词，指18世纪中期英国的一些追逐欧洲大陆的虚浮时尚的人，他们衣着古怪，言行出格。

“以某种方式促进科学的进步”。然而这次探险不大成功，因为当他们抵达冰岛时，已是生长季节的末期，可供搜集的植物寥寥无几。此后班克斯再未远航，而是在伦敦居所和林肯郡的家族宅邸度过了余生。

到了18世纪80年代初，班克斯已享有多重显贵的身份：准男爵、英国皇家学会主席、内阁大臣顾问、全球范围科学研究的赞助人，再加上“负责监管皇家植物园”。他同国王的私人友谊不断加深，这得益于他们俩对乡村事务的共同兴趣。班克斯确信，英国注定会成为世界上最主要的文明力量，通过科学（特别是植物学）和帝国扩张的合力可以推动这一目标的实现。科学和帝国将是互惠互利的。

班克斯的任务并不局限于植物学研究。当“农夫乔治”期望提高英国的羊毛质量时，他便协助走私了一批西班牙美利奴羊

邱园里的羊群，模仿威廉·伍利特（William Woollett）风格的18世纪版画

(merino)，穿越葡萄牙，运至邱园，在园内东方佛塔的四周放养。最终，有些羊被拍卖到新南威尔士，从而开启了澳大利亚的美利奴羊毛产业。到 1820 年，澳大利亚的美利奴羊数目达到了 33818 只。

班克斯的兴趣范围包括农业改良、政治权力和科学发展。他也像林奈一样，期望利用植物和植物学研究来帮助国家实现自给自足。然而，班克斯的思路更为开阔。林奈曾试图通过在瑞典的土地上培育新发现的热带植物来减少本国对进口的依赖；班克斯更具远见，提出通过“封闭”公共土地的方式来改造世界。那时英国的大部分土地都是公共拥有的；任何人，不管他多么贫穷，都可以在“公地”上放牧牛羊、采摘果实或捡拾木柴。班克斯认为，这些土地处于荒芜废弃的状态，如果加以充分利用，或许能有助于养活不断增长的人口。因此，他支持《圈地法案》，将公共土地私有化，从而进行精心耕种和维护。正如吉姆·恩德斯比所解释的：“班克斯的基本观点是：应当将全世界的大量废弃土地或公共用地圈起来，加以改良和充分利用。”

在将世界上的荒地改造成生产资源这一远大构想中，班克斯将邱园放在了一个核心的位置。从第一位植物搜集者弗朗西斯·马松为邱园搜集了珍贵的苏铁开始，班克斯一直不断地向世界各地派出植物搜集人员，带回各种新的和有潜在用途的物种。1791—1794 年，阿奇博尔德·孟席斯（Archibald Menzies）参加了英国皇家海军“发现号”（*Discovery*）的环球远航，他是一位博物学家和外科医生。班克斯在写给他的信中提出了以下具体要求：

> 当你见到奇异的或有价值的植物，并且判定它们不大可能在陛下的花园里通过种子培育出来的话，那么，即请你把它们从土

里挖掘出来，放置在专用的玻璃箱中，然后尽你最大的努力将它们活着带回英国。在航行中搜集的每株植物，以及所有的植物种子，皆应视为英王陛下的财产。无论在任何情况下，除了为陛下所用的目的之外，都不能将任何植物或其中局部切断，包括进行插条和吸枝繁殖等。

在班克斯的鼓动之下，年轻的植物搜集者威廉·克尔（William Kerr）来到遥远的中国，采回了虎皮百合（*Lilium tigrinum*）和重瓣黄木香（*Rosa banksiae*）。与此同时，邱园的园艺家艾伦·坎宁安（Allan Cunningham）和詹姆斯·鲍伊（James Bowie）先是一道去了巴西，然后又各自分别前往新南威尔士和南非搜集植物。

1792 年，班克斯自豪地向一位博物学家炫耀他所组织搜集的成果：

邱园的收入大幅度增加。最近收到的新植物确实是非常有趣的。我们有来自中国的三株木兰树，其中一种以前只是耳闻，记载于［由班克斯负责出版的一本植物书］恩格尔贝特·肯普弗（Engelbert Kaempfer）的《彩色图谱》（*Icones*）……树兰属植物（*Epidendrum*）的花朵仅开放一天就凋谢了；香夹兰（*E. vanilla*）已经长得跟瓶子一样高，很快就会开花。我们已经用在西印度群岛采集的种子繁殖出了蕨类植物，所以，它们不久就会遍布邱园。

虽然班克斯本人没有再次周游世界，他却把世界“汇集”到他在伦敦的家——苏豪广场（Soho Square）32 号，把那里变成了一个组织有序的博物学学院。通过发起探险活动，班克斯了解了世界各地原住民的文化风俗，连同搜集到的动植物标本，他得以建立起关于域外的知识结构和虚拟图景，然后将之运用于新的探险计划。他还把自己从新南威尔士获得的经验派上了用场，在皇家海军“调查者号”（*Investigator*）出航之前，为政府提供了咨询服务。这艘船是由班克斯命名的，他向船长马修·弗林德斯（Matthew Flinders）提供了详细的建议：到哪里去并需要完成什么任务。而且，他确保让苏格兰植物学家罗伯特·布朗（Robert Brown）参与这次远征服务。事实上，班克斯将“调查者号”变成了观察远方大陆的一架望远镜。他不必亲自重访澳大利亚，便能通过地图、标本和航海日志的方式，让澳大利亚“来到”他的身边。

作为第一批涉足植物湾的欧洲人之一，班克斯还向政府提出了一项建议：或许可以在植物湾建立一个流放罪犯的殖民地，引进欧洲的农作物和牲畜。他在“奋进号”的航海日志中记载，他发现“那里的树木下面全是光秃秃的土地，没有其他植物生长，树与树的间距也很大，因此，整个国土或至少很大一部分都有可能用来栽培农作物，而不需要砍掉一棵树”。当政府采纳了他的上述建议之后，班克斯便协助制订了他认为适宜在澳大利亚生长的“植物组合”，包括欧洲的各种蔬菜、草本植物、浆果、水果和谷物。

根据当时的一位移民作家詹姆斯·阿特金森（James Atkinson）对这个早期国家的描述，班克斯挑选的植物非常合适：“如果没有人工热能，澳大利亚的植物便无法在英格兰生长。而这些来自欧洲的可食用和烹饪的蔬菜和根茎，同很多当地作物一样，在这里生长得十分茁壮。水果的种类繁多，品质优良，收获甚丰。”

不仅是在澳大利亚，班克斯还帮助英国移民在其他许多地区建立了植物园，包括印度、斯里兰卡、圣文森特和格林纳丁斯、特立尼达和多巴哥、牙买加，通常雇用他所信赖的植物搜集家去经管那

圣文森特植物园，英国最早的几个殖民地植物园之一，建于 1765 年

些花园。班克斯的心愿是，在殖民地的姊妹花园之间互通有无，移植有价值的植物，大量繁殖，从而获得经济利益。他希望通过建立一个植物园网络来实现“改良”梦想。然而，在现实中，由于信息沟通的困难，他不可能在有生之年实现这一梦想。举例说，一封从英国寄往澳大利亚的信大概需要好几个月才能抵达，这使得班克斯很难及时传达指令或接收反馈。有一次，寄给悉尼植物园的一封信抵达目的地时，收信人已经去世了。因此，班克斯——以及邱园——对英国的新兴植物帝国的控制程度实际上是非常有限的。

1820 年，英王乔治三世和班克斯相继辞世，邱园同时失去了它的植物学领军人和王室支持者。当初林奈去世后，他的遗产有了完好的归宿，而班克斯积累的知识财产（标本、书籍和手稿）却不幸分散了。班克斯的植物标本和书籍由邱园的图书馆员罗伯特·布朗继承。布朗原计划死后将这些财产转让给大英博物馆，后来因故同意在 1827 年提前转让。而班克斯的手稿则转移给了他妻子的亲戚布拉伯恩勋爵（Lord Brabourne），后者在 1880 年试图将这些文献卖给大英博物馆，出价 250 英镑，却遭到拒绝。结果，这些珍贵的手稿被公开拍卖，仿佛被风吹散的种子，飘落到了世界各地。

班克斯曾经协助保护了林奈的分类标本收藏，而他自己的知识遗产却落入即将湮灭的危险境地。英国需要再次出现具有远见卓识的人，才能真正认识到世界上丰富多样的植物群落的价值。

第3章

干燥压制：标本馆之由来

威廉·胡克标本馆的印章

达尔文采集的多年生尖舌早熟禾，标本卡上有其签名

一群植物学家聚集在邱园的玻璃会议室里，急切地翻阅着一摞尼日利亚《太阳报》(*Sun*)。他们感兴趣的不是报上微笑着的非洲时尚达人，而是压平在报页之间的植物枝条、叶子和花朵的干燥标本。这些标本是邱园的潮湿热带（非洲）团队的分类学家和尼日利亚同行合作，从加沙卡·古姆蒂国家公园（Gashaka Gumti National Park）采集带回伦敦西区的。它们当中可能包括稀有或未知的物种，或重要的药用植物，但是，首先必须正确地识别它们。搜集和研究该国家公园的植物信息至关重要，因为那里九成的森林都已经消失了。这次会议的目的就是要将这些标本梳理出来，分别归入相应的“纲”，这是解谜的第一步。此项工作完成之后，再将每株植物送到相关的分类学家那里，直至鉴定出它的“种”。最后，将标本固定在无酸纸卡上，按照科学要求存放于正确的地点，加入邱园标本馆里宏伟的干燥植物“谱系树”——它共有 750 万名成员。

植物标本馆是指存放植物标本的场所，各种植物被压制、干燥之后，或固定于纸卡上，或保存在盛酒精的玻璃瓶里。拥有植物标本馆是植物园有别于其他类型花园的重要特征之一。

最早的植物标本馆是16世纪在意大利的新式草药园中建立的，被称为“干花园”（*horti sicci*）。那时保存标本的方法是将干燥植物标本夹在纸张中，装订成册。汉斯·斯隆即采用这种方法保存了大量的植物标本，这些标本于1753年遗赠给了大英博物馆。然而，18世纪中叶的远航探险获得了大量的新品种，皆被运到欧洲，加之林奈创立了新的分类工具，人们便不再将标本装订成册，而是开始采用散页纸卡保存标本，这样，当新品种或新的分类出现时，就可以很方便地重新排序。班克斯的标本馆采用的就是这种方法。

标本馆同图书馆或博物馆的显著区别之一是，它不是静止不变的收藏死植物的场所，而是一个充满生命力的研究工具。在一个精心规划的标本馆里，标本的次序时而会被重新安排，以反映科学界对植物之间关系的最新认识。

邱园植物标本馆是世界上顶级的植物标本馆之一，它的每张纸卡展示一个植物标本。归类存档的次序是：种、属、科。首先，将同一“属”下的“种”归在一个文件夹里，然后，将存储不同“属”的文件夹放进一个特定“科”的柜子中。邱园植物分类学家的任务是，运用有关全球植物多样性的专业知识，确保每种植物，连同它的近亲，均被正确地分类归档。这样，假如研究人员想了解一种特定植物的属性，便很清楚去哪里找到相关的标本。邱园标本馆里的收藏来自世界各地，数百年来由各色人等陆续搜集，形成了一个重要的参考资料库，为植物研究提供信息服务。现任标本馆主任戴夫·辛普森（Dave Simpson）解释说：“我们这里保存的最古老的标本可追溯至1700年，不过大多数是19世纪中叶的。”

邱园现存的老标本，诸如来自班克斯标本馆的标本，同现代标本有一点重要的不同，即标签质量。旧标本的标签可能仅仅记录了搜集的年代或来自哪个国家，而现代标签的信息含量丰富，既包括植物搜集的地点及当地的生态环境，也包括标本本身不能明显反映出的某些细节，例如整株植物的高度、鲜活花朵的颜色等。

邱园标本馆本身的历史可以追溯到1840年，当时王室将花园的所有权移交给了政府。事情的由来是这样的：由于约瑟夫·班克斯的努力，到了19世纪30年代，英国在许多殖民地都建立起了植物园。不过，它们的组建往往是临时起意，而不是周密策划的。有的是碰巧因为一位地方长官喜爱植物学，有的则是为了给犯人提供一个劳动场所。1838年，约翰·林德利（John Lindley），时任伦敦大学学院（University College London）植物学教授及伦敦园艺学会（Horticultural Society of London）副秘书长，向政府提交了一份有关王室拥有的各类植物园的调查报告，显示自1820年乔治三世和班克斯去世之后，植物园的数量持续减少。财政部出于节省开支的考虑，已经提出了是否有必要保留所有植物园的议案。

为了避免关闭殖民地的植物园，林德利建议将邱园由王室赞助转为由政府拨款，以“促进整个帝国的植物学的繁荣”。他相信，如果由政府拨款，并将海外殖民地花园交给邱园统一管理，那么，各地的搜集可以大大有利于整个医学、农业、园艺和贸易的发展：“所有的植物园都应在邱园园长的掌控之下，协调行动，定期报告各自的工作进度，提出所需要求，接受补给，充分利用植物王国的一切有用资源来为帝国服务。”

世界各地的植物资源很不相同，为了解它们的商业价值，政府需要邱园搞清楚植物的种类及其产地，建立一个信息库。林德利曾受雇于班克斯在伦敦宅邸的私人花园，利用班克斯的搜集为玫瑰做出分类；他在报告中呼吁建立“一个收藏丰富的植物标本馆和图书馆”，它将有助于植物的识别和命名。政府任命的邱园园长威廉·胡克爵士的任务是把邱园建成一个国家植物园，他非常重视林德利的报告。胡克是一名敏锐的植物收藏家和分类学家，年仅 20 岁时，他就识别出自己搜集的植物中有一株苔藓叫作“无叶烟杆藓”（*Buxbaumia aphylla*），它是英国本土所没有的。1841 年他走马上任时，把私人收藏的全部标本和图书都带到了邱园，占据了西花园中的好几个房间。他的搜集计划宏大而雄心勃勃：“我不在乎任何合理的花费，只要不出我的能力范围。我决心让我的植物标本收藏成为欧洲所有私人收藏中首屈一指的。”

1847 年开放的邱园的第一个经济作物博物馆（版画）

随着时间的推移，威廉·胡克也鼓励其他植物学家和组织机构将各自的收藏集中到邱园里来，另建一个标本馆。第一批正式加入的是植物学家和旅行家威廉·布罗姆菲尔德（William Bromfeld）的标本，那是在1852年；两年后，植物学家乔治·边沁的标本也装载在四辆铁路大货车里运抵邱园；1858年，东印度公司捐助了几大批收藏，不过其中部分因虫蛀和潮湿而损坏了。

送到胡克手中，从而进入邱园标本馆的很多植物都来自一些名不见经传的植物爱好者。在19世纪初期，清贫的兼职博物学家同富有的绅士收藏家之间的通信往来是很常见的。兼职者通常负担不起昂贵的博物学专著，也没有进入相关博物馆的渠道，而这两点对于从事植物分类是必不可少的，因此，他们试图同掌握这些资源的绅士收藏家交好，用在当地搜集的标本来交换有关资讯。这些人具备的知识和技能可同绅士收藏家们媲美，因而也在学术圈内获得了一定的地位。

威廉·胡克一生中非常乐于同他人分享新发现，鼓励了许多植物学家同他进行交流。为了追求科学的真谛，他超越了僵化的社会等级界限。他指导过的许多搜集家都是劳动阶级中的工匠，他们通常致力于研究小型植物，如苔藓和地衣等，这些不起眼的植物就像工匠们自身一样，生活在主流社会的视野之外。这些热忱的植物爱好者在自己的家乡漫山遍野地搜寻，试图发现不同寻常的植物。当他们无法确认一个标本的种类时，便谦恭地去向胡克请教。曼彻斯特附近罗伊顿（Royton）的一名铁匠威廉·本特利（William Bentley）试探地写道："我怀着些许畏怯的心情写信打扰您……但是，在植物学这个深广的领域，我们这样的小劳动者实在没有其他人可以仰赖，[而且] 我们将您看作科学之父，因而，向您提交所有的难题想必不算是冒昧。"

威廉·胡克的联络范围远远超出英国本土。有几位热忱的博物学家居住在遥远的范迪门地（Van Diemen's Land，即今塔斯马尼亚），那是澳大利亚南部的一个大岛，1803 年英国在那里建立了囚犯殖民地。19 世纪上半叶，英国人从岛上茂密的热带雨林中获得了丰富的前所未知的植物标本。囚犯监管人罗纳德·坎贝尔·冈恩（Ronald Campbell Gunn）也是一位成功的植物搜集家。1838 年 4 月 21 日，在写给胡克的信中，他承认在识别和命名植物方面遇到了很多困难：

> 我现在急切地想知道，如何区分新的或未被描述过的植物和众所周知的植物——从而在采集的时候可以辨别它们。对于我搜集的许多植物，我甚至都没搞清楚它们的“属”。巴克豪斯[指博物学家詹姆斯·巴克豪斯（James Backhouse），他曾经访问了位于澳大利亚的囚犯殖民地]曾说，植物有一个错误的名字总比没有好。但我不大赞同这个原则，因为我发现，一旦有了错误的名字就很难改，而给无名的植物取一个正确的名字相对要容易得多。

1832—1860 年，冈恩给威廉·胡克送去了数以百计的标本，要求以此交换重要的参考文献以增长知识：“你给我寄任何学科的书，植物学的、医学的等，都不会是多余的，对植物学的爱好使得我对医学也产生了很大的兴趣。”

随着岁月的推移，忠实的关系人不断为胡克提供大量的标本，他的收藏剧增。1853 年，胡克的标本馆连同他的办公室从西花园迁到了亨特府（Hunter House），它坐落在泰晤士河畔，之前一度是汉诺威国王（King of Hanover）的别墅。1865 年威廉·胡克去世后，政府花1000英镑买下了他的私人标本馆，将之同邱园的收藏合并。1877年，亨特府增建了一翼，以容纳更多的标本，但空间不足仍然是个问题。1899年，当时的邱园园长威廉·西塞尔顿－戴尔（William Thiselton-Dyer）向公共建设局解释说："我无法控制邱园标本馆的扩张，原因是我无法控制这个帝国的扩张。每当获得新的领土，对那里的科学考察便随之展开了。"1902—1968年亨特府又增建了三个翼，1988年进一步扩展为四方院建筑。

及至2007年，每年的标本增长数仍在35000件到50000件之间。邱园委托爱德华·卡利南建筑师事务所（Edward Cullinan Architects）扩建了一个恒温的延伸空间，用来存放部分标本和藏书。这座建筑能够防御洪水和蛀虫的侵害，面积达5000平方米，足以容纳邱园预计在今后五十年增加的搜集量。

今天，对于接收新搜集的植物标本有一套严格的规定：从进入新的曲形木板建筑，穿过玻璃大厅，到进入标本馆，直到最后存放在庞大档案系统中的正确位置，都要按照程序进行。新来的货物先是存放在专用黑色货架上，然后，装有植物材料的包裹通过右边的一道双扇门，进入邱园的"脏区"。在这里，它们被存放在−40℃的大冰库里三天，直到所有吃植物的害虫——如长斑皮蠹（*Trogoderma angustum*）——及其虫卵全被冻死，才能被送到邻近的收藏管理单元，打开接受检验。每件物品都有个独特的代码，据此可以跟踪它在标本馆的落脚点。包裹上贴有彩色标签，以区分是礼物还是租借品，或是准备租借给其他机构的物品，或是已经分类、即将存入标本馆的标本。

一件标本从抵达邱园，到存入标本馆的档案卷宗，最多可花一年的时间；而即使归入特定的文件夹之后，它可能也不会在那里存留太久，因为，每当出现反映植物之间关系的新信息，标本的位

邱园标本馆的工作人员在检验和识别新收到的标本

置可能就要进行相应的调整。尤其是 DNA 技术的最新进展，促使标本馆做了一些大规模的重组。1869 年时，标本馆里的标本放置次序是依据威廉·胡克的儿子约瑟夫·胡克和植物学家乔治·边沁设计的一个分类系统来安排的。该系统体现了当时人们对植物进化关系的认识水平；自林奈以来，这种认识发生了很大的变化。近年来，由于采用分子特性研究和基因测序（参见第 21 章），人们对植物之间的关系有了更深入的理解。

现在邱园植物标本馆的内容是根据一个被称为“APG Ⅲ”的新系统来安排的。APG 是被子植物种系发生学组织（Angiosperm Phylogeny Group）的英文缩写，它是植物学家的一个非正式网络，成立于 20 世纪 90 年代中期，目的是利用基因测序的结果为被子植物（或称开花植物）做出新的种属分类。这一转变引出了一些令人惊讶的新关系。例如大王花（*Rafflesia*），又称尸花

(corpse flower)，它生长在亚洲的热带地区，其花朵是所有植物中最大的，直径可达一米，气味如同腐肉。然而，它竟然跟一品红（*Euphorbia pulcherrima*）是近亲，后者的花朵是世界上最小的花朵，它的红色“花瓣”实际上是环绕着花朵的苞叶。

人们在参观过程中可以明显看出，多年来，标本馆进行了扩展和改良。新增建筑物的大玻璃窗从天花板直落到地面，在那里工作的分类专家们将高新技术和工具运用于各个方面。而走进最古老的一翼，便置身于华丽的红色螺旋楼梯、镶木地板和高高的天花板之间，这不禁令人回想起帝国时代，那时的植物世界基本上还是一个未知的王国。

一些标本卡也体现了邱园的悠久传统。在标本馆的一个文件夹中，有三株多年生尖舌早熟禾（*Poa ligularis*），其中至少有一株来自查尔斯·达尔文本人，是他在1831—1836年乘“小猎犬号”（*Beagle*）航行到阿根廷巴塔哥尼亚（Patagonia）时搜集的。这几株早熟禾的顶端结满了草籽，缠结的玉米色叶子被牢牢地粘在纸卡上。达尔文在纸卡上亲笔注明了搜集的地点和时间：“巴塔哥尼亚海岸的布兰卡港（Bahia Blanca），1832年10月初，C. 达尔文。”这张标本卡附着威廉·胡克的标志蓝纸，盖有“胡克标本馆，1867”的印章，那一年邱园正式获得胡克标本馆的所有权。

邱园的标本卡后来增加了条形码，实现了数字化管理，因此，世界任何地方的植物学家都可上网检索。园长助理比尔·贝克（Bill Baker）解释说：

> 重要的是，不要将这些干燥植物仅仅视为历史文物。达尔文的原始标本至今还是很有用处的，你仍然可以采下一朵小花，把它煮了（复水后以供考察）。它是邱园里的350万株“模式标本”

（原始标本，用作描述新物种的基础）之一。模式标本是物种的典型代表，并为所有物种的名称定位。这是植物园安排和管理植物名称的方法，尽管从科学角度来说并不一定很重要。

150 年前，正是出于对社会秩序和等级制度的酷爱，维多利亚时代人开始创建邱园植物标本馆。在他们看来，其自身所处的世界是上帝许可的一个有序系统，由贵族、商人和体力劳动者，英国及其殖民地，基督徒和异教徒共同组成。他们认为，植物世界存在着同样的秩序，标本馆即这种等级制度的实际体现。

随着多年来新标本的持续增加，邱园植物标本馆的功能也不断扩展，远远超出了对标本的精心保存。基于植物关系而建立起来的机构能够帮助植物学家寻找植物的近缘种，有时可获得意想不到的成果。例如，20 世纪 80 年代后期，科学家们在寻找治疗艾滋病的抗病毒新药。他们已经从黑粟豆木（*Castanospermum australe*）中发现了一种化学物质，这种树是澳大利亚东部特有的，但只有一个小群落。科学家们便请邱园帮助查找它是否有近缘种，如果有的话，这种近缘种或许含有与它相同或类似的药用物质。邱园的分类学家为艾滋病专家们提供了一个线索：一种在南美洲大量生长的树木。分析结果发现，它含有与黑粟豆木完全相同的化学成分。假如不是来自标本馆的信息，人们不大可能想到去南美洲寻找黑粟豆木的近缘种。

在应对全球气候变化方面，标本馆也发挥了很大的作用，因为每件标本都包含植物本身及其生长环境的一系列信息。全球定位系统可提供现代人搜集植物的精确位置。由于气候变化影响到植物的生命周期，标本的信息对于识别植物栖息地的分布变化是非常宝贵的。贝克解释说：“关键在于，标本馆记录了什么地方生长着什么

邱园标本馆内景，这里共收藏了 750 万件干燥植物标本

植物，从而我们可以考察：它们的分布是否随着时间的推移有所变化，它们的数量是否可能由于栖息地遭到破坏而减少了。通过这种方式，我们可以量化物种面临的灭绝威胁。”

再回过头去谈给植物标本分类归“科”的那个会议吧。潮湿热带（非洲）团队的负责人马丁·奇克（Martin Cheek）正在一丝不苟地识别一件干燥标本，它的茎上生有卷须，这一特点表明该植物限于三个科：葫芦科（*Cucurbitaceae*）、葡萄科（*Vitaceae*）或西番莲科（*Passifloraceae*）。他通过仔细观察卷须的位置和果实来判定它跟黄瓜是否一科。此项分类归科对于保护非洲的植物多样性至关重要，但非常耗时费力，而且需要具有相当丰富的经验。1995—2003 年，邱园在附近的喀麦隆做了类似的搜集工作，共获得 2440 种植物，其中有十分之一是科学界初次识别出来的。

对上述标本的分析，结合标本馆对其他植物的研究（一直可追溯到威廉·胡克的年代），邱园的科学家们得以确定，根据国际自然保护联盟（International Union for Conservation of Nature）的评估标准，这2440种植物中有815种处于“濒危”的境地。邱园制作的生态地图显示，今加沙卡·古姆蒂国家公园的所在位置同具有高密度濒危物种的地区不大一致。国家公园的目的主要是保护动物，而不是植物。根据这一研究结果，喀麦隆政府建立了面积达29320公顷的巴科西国家公园（Bakossi National Park），以保护新发现的生物多样性热点。正如奇克指出的：“在我们开始这项工作之前，任何自然保护区域图都没有包括喀麦隆的这个地区；到了我们工作结束的时候，它已被视为热带非洲的两个最成功的植物多样性研究中心之一。”

伴随着维多利亚时代人的搜集热情而诞生的邱园植物标本馆，如今已成为保护全球植物的一个不可或缺的重要工具。

第 4 章

流行疫病：爱尔兰大饥荒

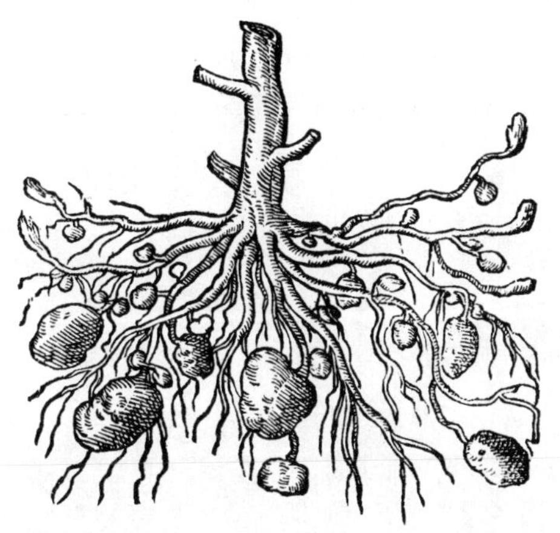

马铃薯，摘自约翰·杰勒德（John Gerard）的《草药或植物通史》（*Herbal or General Historie of Plantes*，1633）

家中一贫如洗的爱尔兰乡村姑娘，1886 年版画

爱尔兰的人口在19世纪上半叶几乎翻了一番，从1800年的450万人迅速增长到1845年的800万人。爱尔兰能够养活那么多的人口，主要是因为当地农民学会了种植马铃薯，它成为主要的农作物。这种原产于南美洲的蔬菜，在16世纪由西班牙殖民者第一次引进欧洲，然后广泛传播开来。由于这种不起眼的块茎提供了蛋白质、碳水化合物、维生素和矿物质，所以即使没有其他营养来源，人们也可以借此生存，许多贫穷的爱尔兰农民便基本靠马铃薯为生。然而，过度依赖单一的农作物，导致了一场大灾难的发生，使得人口锐减。

1845年的初夏，天气阳光明媚，爱尔兰的马铃薯在茁壮成长。然而不久，晴天突然消失，雨连绵不断地下起来，潮湿土地里的马铃薯开始腐烂。首先，叶片上发生了黑色或褐色病变；然后，叶子的背面出现白色的霉菌晕环；接着很快就枯萎、腐败，变成一堆臭气熏天的沤肥。马铃薯块茎本身也遇到了同样的命运，或是腐烂在地里，或是在运到商店之后很快就烂掉了。全爱尔兰有40%的马铃薯作物感染上了这种疫病。到了下一年，在生长季节早期，该传染病再次袭击了爱尔兰，农民们眼睁睁地看着大面积的庄稼纷纷毁掉，却束手无策。尽管他们也种植了一些其他种类的粮食作物，但那些收成要用来给英国地主交租。就这样，因为没有足够的粮食维持生计，100 多万爱尔兰人被饿死，另有 100 万人被迫远走他乡。

英国小说家安东尼·特罗洛普（Anthony Trollope）当时 30 岁出头，他在小说《里士满城堡》（*Castle Richmond*）中概述了这一恐怖情景：

> 所有在 1846—1847 年的冬天住在爱尔兰南部的人们，都不会轻易忘记这段悲惨的日子。许多年以来，在爱尔兰，越来越多的人靠吃马铃薯为生，而且仅仅依赖马铃薯，现在，突然之间，所有的马铃薯都死掉了，这致使 800 万人中的大部分人失去了口粮。人们会很自然地将马铃薯大灾难看成是神的作为；因为神对于该国犯下的种种劣迹感到非常震怒，所以用大饥荒席卷了那块不幸的国土。就我本人来说，我并不相信上帝会采取这种方式来宣泄其怒气。

我们现在很清楚了，那场大灾难不是来自宗教原因，而是由一种叫作马铃薯晚疫病菌（*Phytophthora infestans*）的水霉菌引起的。水霉菌很像真菌，可寄生（取食活体组织）或腐生（取食死亡组织）。最早发现马铃薯晚疫病菌的是卡米耶·蒙塔涅（Camille Montagne），他是法国拿破仑军队中的一名医生。1845 年，他跟英国牧师兼真菌研究权威迈尔斯·约瑟夫·伯克利（Miles Joseph Berkeley）交流了这一研究结果。伯克利是第一位认识到晚疫病的元凶是这种微生物的科学家（但他认为是一种真菌），1846 年，他在《伦敦园艺学会杂志》（*Journal of the Horticultural Society of*

London）上发表文章指出："是霉菌导致了腐烂，而不是腐烂产生了霉菌。这种霉菌不具有食用腐烂的或正在腐烂的物质的习性，而是它导致了腐烂——这是一个首要的事实。"

伯克利搜集的大量真菌样本是今天邱园真菌馆的基础。在许多绿盒子里，装有约 125 万件标本，其中包括蒙塔涅从患晚疫病的马铃薯上搜集的原始标本。伯克利在显微镜下检视了马铃薯上的霉菌，试图弄清它同疾病的关系，之后绘制了一些精致的铅笔画，其中一幅展示出马铃薯的三片干叶，上面有晚疫病留下的斑点。这些铅笔画刊印在他于 1846 年发表的论文中。

邱园的真菌学部主任布林·当坦热（Bryn Dentinger）解释说：

> 绝大多数的水霉菌在营养期内的生长形态是［看不见的］细丝状。它们无性繁殖出孢子，孢子在液体中游动，在最理想的条件下，如高湿度和高温环境中，它们能够迅速猛增，数量大大超过其他的生物体。
>
> 马铃薯晚疫病菌在发育的过程中，如果遇到了相匹配的异性，便会在某些时候进入有性阶段，当然这种情况是罕见的。这通常发生在不利于生长的条件下，譬如气温过低，缺乏养料，或者遇到干旱。在这类情况下，马铃薯晚疫病菌会产生出厚壁的深色休眠孢子，它们可以在土壤中存活数年，一旦有利时机到来，便重新活跃起来。在这个时候，它们会萌发，并长出一个管状体。这个管状体要么立即开始生成孢子，要么长出许多分支，最终形成缠绕交织的丝状结构。

通过在显微镜下观察这种真菌的形态，伯克利得出结论：它就是导致马铃薯晚疫病的罪魁祸首。然而，并不是人人都同意他的理

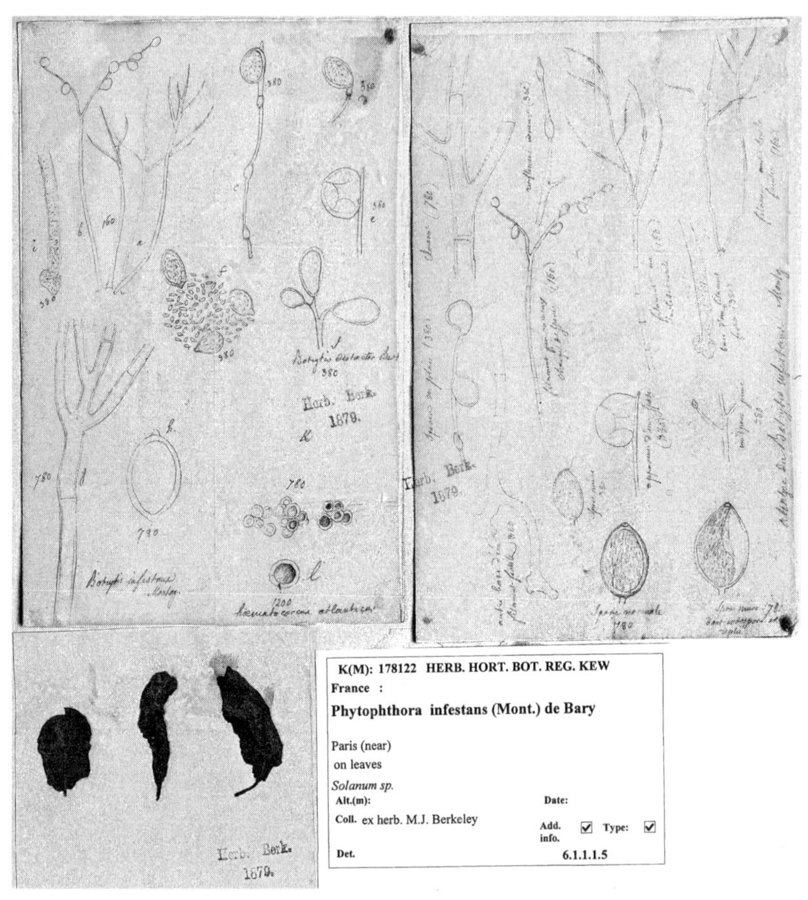

感染晚疫病而枯萎的马铃薯叶，以及迈尔斯·约瑟夫·伯克利所绘的病征原稿

论。伦敦大学学院的植物学教授约翰·林德利（他曾为国家拯救了邱园）确信，是潮湿的条件导致腐烂，从而产生了真菌，而不是相反。他们两个人在《园艺家编年史》（*Gardeners' Chronicle*）杂志上就此展开了一场激烈的辩论。

1861 年，德国外科医生和真菌学家安东·德巴里（Anton de Bary）最终证明伯克利的论点是正确的。德巴里在有利于晚疫病发生的凉爽、潮湿的环境下种植了一些马铃薯。他从患病的马铃薯上取得白色的孢子囊（含孢子的袋囊），将它们施加给一些健康的马铃薯苗，同时保留一些没有感染真菌的薯苗作为对照组。结果，尽管两组马铃薯苗都处于同样潮湿的条件之下，但只有感染了真菌病原体的那一组薯苗死于晚疫病。这清楚地表明，马铃薯作物不是因为吸收了过多的水分而腐烂的。林德利及其追随者们所认定的原因是错误的。

今天，德巴里被视为植物病理学之父。“他给真菌学领域带来了前所未有的新气象，人们对理解生物体的生长发育产生了极大的兴趣。”布林·当坦热说，“通过对真菌的生命周期及其结构进行细致、枯燥的研究，德巴里能够令人信服地向他人证明，马铃薯晚疫病是由相关的真菌引起的。”

找到了这一根本问题的答案，意义十分重大，它推动了植物、动物和人类疾病学的研究。科学家们意识到，被污染的食物和水，以及未经消毒的医疗器械等，可以助长传染病的流行。这一认识令科学家们摈弃了疾病是“自发产生”的观点，促使他们接受路易·巴斯德（Louis Pasteur）在1863年首次提出的细菌学理论，即有些疾病是由微生物引起的。尽管人们观察到这类微生物已有两百多年，但是此前一直认为这些微生物是因疾病而产生的，而不是疾病的肇因。从马铃薯饥荒的悲剧之中，人们发现了探索自然界的新视角。疾病不再是某种黑暗魔法肆虐的结果，而是一种生物活动现象，包括那些侵入植物而导致腐烂的微小寄生虫的活动。

然而，解决了一个老问题，又引发了更多的新问题。当时，科学家们不知道严重摧毁马铃薯作物的致命的微小孢子到底是什么性质的东西。他们不清楚真菌是植物还是动物；他们也不明白，当真菌不再繁殖的时候，它们消失到哪里去了。真菌的繁殖方式在当时依然是一个彻头彻尾的谜。19 世纪末期，有一位科学家尝试探究真菌扮演的不同角色，她的名字叫比阿特丽克斯·波特（Beatrix Potter）。她画的真菌图非常详细、精确，例如，她不仅画了籽实，还画了其他的部分，展示出真菌生命周期所有年龄段的形态。波特还勇敢地涉足真菌学的专业研究，进行了生殖孢子发芽的实验。她是在英国绘制出单层银耳（*Tremella simplex*）图片的第一人。

由于酷爱观察真菌及其习性，波特迷上了地衣。这些在地球上最恶劣环境中生长的生物，令 19 世纪的科学家们困惑不已。瑞士科学家西蒙·施文德纳（Simon Schwendener）支持德巴里最先提出的一种见解：地衣是由两种不同的生物——真菌和藻类——共同构成的，共生于一种寄生关系之中。根据细致的观察，波特确信施文德纳是正确的。然而，正如当时的大多数女科学家一样，波特发现自己的见解很难受到人们的重视。吉姆·恩德斯比说：

> 1874 年，英国博物学家詹姆斯·克龙比（James Crombie）嘲讽波特，说她提出的关于地衣的全部观点，不过就是一位“着迷于藻类的少女”同一个“真菌暴君”的病态结合。比阿特丽克斯把自己的名字跟这个相当古怪的理论联系在了一起，并不有助于使她得到表述见解的公平机会。

波特迫切地渴望揭开地衣的真相，她在厨房里培养出了藻细胞和真菌孢子，观察这两种微生物是如何连接在一起，形成一个生物体的。展示这些新发现的最佳场所是林奈学会，可是当时它

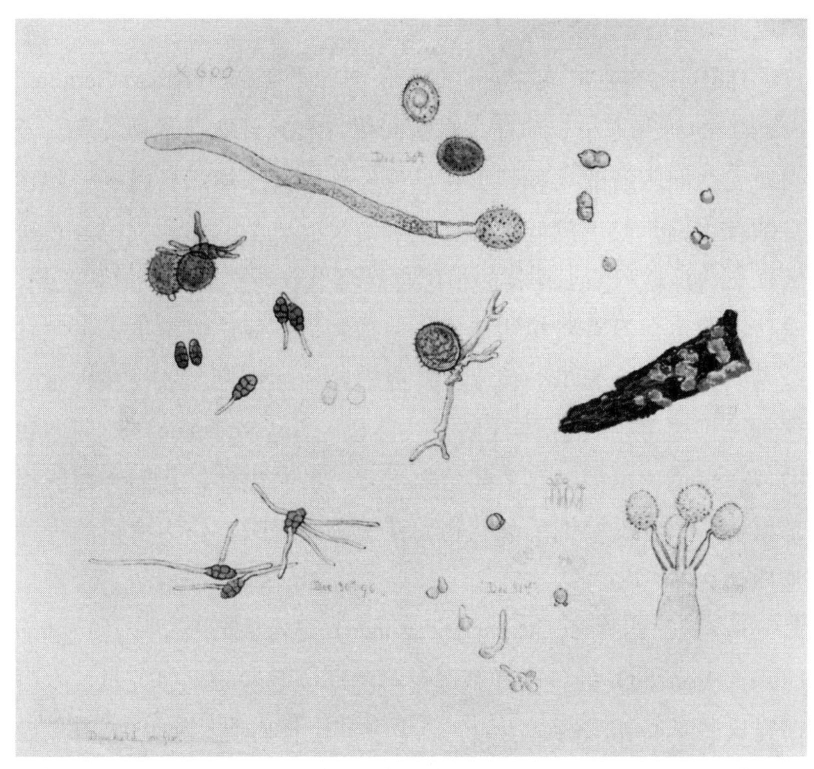

比阿特丽克斯·波特所绘的珠丝盘革菌（*Aleurodiscus amorphus*）和其他三种真菌的孢子，其中包括单层银耳

不接纳女性会员。到了1897年，科学界终于允许波特提交她的研究结果，但不许她本人出席会议，而是让邱园的一位真菌学家代表她来宣读论文。在私人日记中，波特对替她发言的乔治·马西（George Massee）表示不屑："我觉得他本人就是一株真菌，缺了好几个进化阶段。"同行评议认为，波特的论文需要进行一些修改才能发表。但是，她从未按要求完成修改。经过这件事，波特跻身科学领域的幻想显然破灭了，从此转向令她着迷的另一件工作——为孩子们写作和绘画。她绘制的儿童读物传遍了全世界，

她以此流芳百世。[①]

1881 年，阿尔贝特·伯恩哈德·弗兰克（Albert Bernhard Frank）的研究进一步印证了真菌同植物之间可能有某种关联。他当时受德国政府的委托，正在寻找一种方法来增加松露（一种珍贵的食用菌）的产量，虽然这一努力没有成功，但他发现，在松露生长的栎树和山毛榉树的根部总是覆盖着一些真菌。他观察到，这些真菌不但没有对植物造成任何损害，反而使树木生长得健壮茂盛。就此他发表了一篇论文，提出这样的理论：植物和真菌的这种关系是互利的。他首创了“菌根”（mycorrhizae）一词。我们现在知道，菌根是真菌同植物形成一种共生体，它们在树的根部繁殖，生发出极细的丝状物，在土壤中扩散，作为树根的一种延伸。

马丁·比达滕多（Martin Bidartondo）是伦敦帝国学院（Imperial College London）的生物学高级讲师和邱园的荣誉副研究员，专门研究这些不同寻常的真菌的生态学及其生长周期。他说：“自然界有大量真菌，但植物根的数量有限，导致根部出现非常密集的真菌繁殖地。多数植物的根中生有菌根真菌，它们能从植物中长出来，产生更多的孢子。它们可以生成蘑菇，对此我们都很熟悉；或是变成松露菌；或是简单地在土里生成孢子。它们以这种方式开始新的生命周期，并进入外界环境寻找新的植物。真菌对不同植物的生长产生各种各样的影响。生物学家们对多样性的产生过程很感兴趣，包括植物反应的多样性和生态系统中物种的多样性。菌根似乎对生物多样性的形成有相当大的影响。”

---

① 波特自编自绘的童话代表作有《小兔彼得的故事》《松鼠纳特金的故事》《格鲁塞斯特的裁缝》《汤姆小猫的故事》等。每本童话书都非常畅销，成为经典。

在真菌学领域还有许多有待探究的问题。最近对土壤中的基因分析表明，在世界范围有五六百万种真菌，目前我们真正了解的尚不足 5%。基因测序有助于填补知识空白，特别是为真菌分类带来革命性的突破。如同植物的分类，人们对真菌的分类最初也是主要根据其形态特征，因此那些外表相似的即被认定是相关的；而我们现在知道，以往对许多关系的判定是不正确的，例如，藻类并不都来自单一的共同祖先。

也正是借助于基因测序手段，20 世纪 90 年代的真菌学家证实，马铃薯晚疫病菌是藻菌（stramenopile，包括水霉菌和海带在内的一组藻类），而不是一种地道的真菌。科学家们运用最新技术进行

如今位于都柏林街头的大饥荒群雕

全基因组测序，比较历史的和当代的标本，揭示了它们之间的本质区别，取得了一些惊人的成果。当坦热举例说：

> 人们在很长一段时间里一直认为，19世纪［给爱尔兰及周边地区造成巨大灾难的］马铃薯晚疫病的微生物同今天导致马铃薯疫病的微生物是类似的，或者说是属于相同的品系。然而，基因组比较研究显示，19世纪出现的是一个独特的品系，它仅存在了约50年。

第 5 章

植物分类：归并与拆分

新西兰麻

CURTIS'S
BOTANICAL MAGAZINE,

COMPRISING THE

Plants of the Royal Gardens of Kew

AND

OF OTHER BOTANICAL ESTABLISHMENTS IN GREAT BRITAIN;
WITH SUITABLE DESCRIPTIONS;

BY

JOSEPH DALTON HOOKER, M.D., F.R.S. L.S. & G.S.,
D.C.L. OXON., LL.D. CANTAB., CORRESPONDENT OF THE INSTITUTE OF FRANCE.

VOL. XXII.
OF THE THIRD SERIES;
(*Or Vol. XCII. of the Whole Work.*)

"In order, eastern flowers large,
Some drooping low their crimson bells
Half closed, and others studded wide
With disks and tiars, fed the time
With odour."
Tennyson.

LONDON:
L. REEVE & CO., 5, HENRIETTA STREET, COVENT GARDEN.
1866.

世界上最早出版的彩图杂志《柯蒂斯植物学杂志》，至今仍由邱园出版在邱园植物标本馆，东南亚组每星期进行一次“排序”工作，其目的是识别新增加的标本，同时也相当于一个研习论坛，大家就每个标本所属的“科”展开讨论。今天，这个小组研究的植物来自巴布亚新几内亚，标本夹裹在《悉尼先驱晨报》（*Sydney Morning Herald*）等澳大利亚报纸中，是由哈佛大学的标本馆寄到邱园的，其目的是请邱园协助确认它们的种类，同时分享一下植物收藏。

这个团队由邱园的分类学专家蒂姆·乌特里奇（Tim Utteridge）领导，它负责解决植物识别的难题，追踪熟悉物种的生长地点，有时还需要确认新的物种。乌特里奇指着一个罕见的物种说：“它的果实成熟后裂开，露出纸浆状的白色棉花，里面含有数百颗种子。先前几乎无人记录过它，我们尚不能确定这是否为一个新的物种。”在场的科学家们就这个问题展开了讨论。

发现新物种是邱园的研究职能中非常重要的组成部分，同时也责任重大。科学家们在野外考察时往往遇到严峻的挑战。豆类植物部的负责人格威利姆·刘易斯（Gwilym Lewis）生动地讲述：

20世纪80年代时，我第一次远征到婆罗洲（Borneo）。有一天，我不小心陷进了沼泽，泥水漫到了脖子，我浑身是汗，眼镜也滑落到鼻梁下面，加上蚊子猛烈地叮咬，我的处境非常危险。然而，专业训练清楚地告诉我：当时我手里握着的那株植物是科学的一个新发现，还没有科学的命名——这令我欣喜若狂。在过去的30年里，正是这种可遇不可求的新奇发现，不断地激励着我投身于探索植物学的事业。

邱园乔德雷尔实验室的第一幢楼是1877年由菲利普斯·乔德雷尔（Phillips Jodrell）捐助修建的，故此实验室以他命名。实验室主任马克·蔡斯（Mark Chase）指出："植物名称是科学研究中极其重要的部分。"这是因为生物学中仍然存在一个重大问题：什么是物种？如何才能知道一个物种起源于何处，又消亡在哪里？

19世纪中叶，人们已经认识到了对植物识别和分类的重要性，仅仅简单地列表已远远不够了。然而，除了识别植物之外，还存在一个更深层的问题：对如何为物种命名存在着巨大争议。关于物种最初是如何产生的，争论非常激烈。进化论的观点，或称"物种的嬗变"，被视为颇具争议，是激进和出格的。这种理论只符合新贵阶层的社会革命意图，而不符合英国上层社会的传统理念。但是，有些人的想法不同。1831—1836年，查尔斯·达尔文乘"小猎犬号"周游了世界，这一旅程中的发现使得他愈来愈确信，物种可以进化，而且的确是进化而来的。为了证明这一点，他必得拿出物种改变——通过缓慢的转变，从一种进化为另一种——的事实证据。为此，他需要求助于最亲密的科学家朋友约瑟夫·胡克。

约瑟夫出生于1817年，是威廉·胡克的小儿子，邱园的第一位正式园长。在童年时代，约瑟夫常常聆听父亲讲课，并跟着他一起观察植物。约瑟夫十分渴望旅行，他晚年时回忆道：

> 当我还是个孩子的时候，非常喜欢听库克船长的航海故事，我的最大乐趣就是坐在祖父的膝盖上翻看那些照片……最令我着迷的一张是在凯尔盖朗群岛（Kerguelen Islands）的圣诞港（Christmas Harbour），巨大的岩石拱向海面，水手们正在杀死一些企鹅。我想，假如我能到那里去，站在那奇特的拱形岩上，亲手敲碎企鹅的头，我就是世界上最快乐的孩子了！

终于，1839 年，22 岁的约瑟夫·胡克接受了一个跟医学有关的职务，登上了皇家海军舰艇“幽冥之神号”（*Erebus*），在詹姆斯·罗斯（James Ross）船长的率领下航行到南半球。小胡克希望踏着达尔文的辉煌足迹，采集标本带回英国，并发表研究论文。他

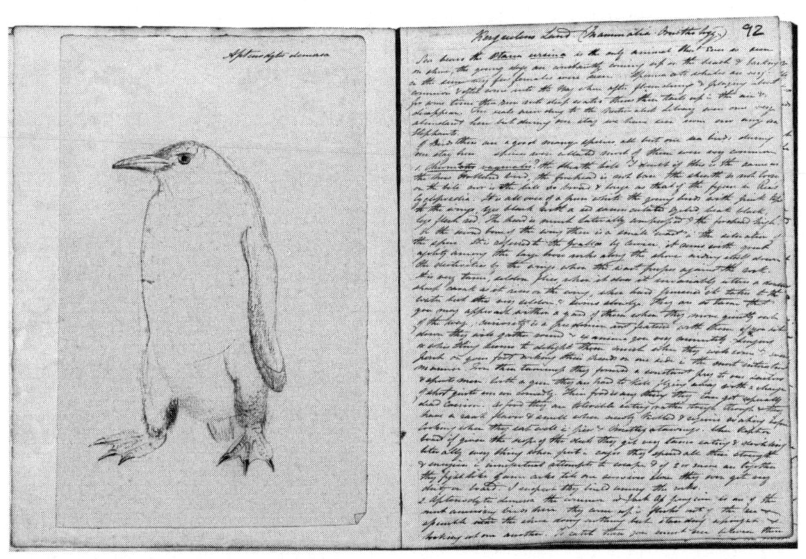

约瑟夫·胡克的《南极日志》(*Antarctic Journal*) 内页，日志写于 1839 年 5 月至 1843 年 3 月

还沿途建立了一些重要的关系，诸如在新西兰结识的传教士兼印刷商威廉·科伦索（William Colenso），日后成为胡克的一名重要联络人，为他传递那些岛屿上的植物信息。

在这次远航中，小胡克思考了有关博物学的很多问题，并采集了大量标本。他利用父亲的人脉网络，发动世界各地的植物爱好者帮助搜集植物，不断丰富邱园的收藏。后来，小胡克终于在邱园获得了一个职位，同父亲一道工作，共同负责英国最大的标本馆。邱园标本馆的丰富收藏，使得它占据了一种鸟瞰世界的独特地位，有可能发现自然界的各种模式及其关联，而实地搜集者则是无法具有这种高屋建瓴的优势的。这正是标本馆的关键作用所在。正如吉姆·恩德斯比所说："标本馆给了小胡克一种力道，他可以将全球尽收眼底。一片混沌的自然界在这里变得秩序井然了。"

约瑟夫·胡克对地球表面的各种变化很感兴趣。物种的地理分布模式令他着迷，譬如植被随着全球气候情况的变化而演变的方式，不同地区的植物之间的异同，等等。他也受到了杰出普鲁士博物学家亚历山大·冯·洪堡（Alexander von Humboldt）的强烈影响。1799—1804年，洪堡一行在南美洲待了五年，他们随身携带了一些先进的科学仪器，目的是测量气温随海拔高度而变化的方式。例如，他们绘制出了最早的气温分布图。

小胡克立即被洪堡的地理技术吸引了。他认为，借助这种技术可以制作出清晰有效的地图，显示不同栖息地的物种变异。此外，小胡克还有更远大的目标：让植物研究更加科学化，将之转换为一个知识领域，揭示真正的、精确的因果规律——类似于物理学中的牛顿定律。在邱园，他给自己设定的任务是建立一个具有植物学权威、支持其理论的丰富收藏。达尔文公开表达了对这位年轻人的信赖，他写道："地理分布几乎可以说是造物法则的拱顶石，我相信，

正值壮年的约瑟夫·胡克

在我的有生之年，将会见证你成为这一重大课题在欧洲的首位权威。”今天，约瑟夫·胡克被列为生物地理学——研究生物的地理分布模式及其形成过程的一门学科——的奠基人之一。

小胡克最突出的才能体现在植物分类方面。就像现代分类学家们在物种鉴定会上所做的一样，小胡克不仅善于抓住物种特征的细节，同时还能把握植物多样性模式的宏观格局。他论述了植物的200多个科及更高层级的基本分类法，这一方法至今仍被沿用。当新的标本到来时，他非常清楚如何将之归类。不过有些出乎意料，按照小胡克自己的说法，他自己最大的问题正是所谓“博物学家”的通病。

在小胡克看来，博物学家很少研读植物学，却自以为是这方面的专家。他认为，一项科学工作所能得到的最高赞赏是“达到哲学的境界”，他的意思是，应当有缜密的思维和坚实的理论基础，并且严格遵守科学的原则。他沮丧地指出：“在我们的学校里，植物研究的地位正在逐步降低，落入了博物学家一类的人手中，他们的思维很少超出物种的范围，所采用的‘钻牛角尖儿’的过细区分法，往往把植物研究搞得声名狼藉。”

小胡克批评的“钻牛角尖儿”现象，今天在分类学领域依然存在。他自命为“归并派”，倾向于尽可能宽泛地划定物种，每种包容很大的变异范围。“拆分派”则与“归并派”相反，只要特征稍有差异即列为一个全新的物种。偏远殖民地的一些植物学家送到邱园的所谓“新物种”常常激怒小胡克，因为他很清楚，这些物种早已在其他地方被发现了。他曾经诙谐地赞许同僚乔治·边沁说：“嗯，他已经变成了像我一样杰出的归并派。”

据小胡克记载，成千上万的人，从不断扩张的整个大英帝国的各个角落，把他们发现的植物寄往邱园。他们当中有传教士兼博物学家，海军外科医生兼博物学家，甚至还有一位主教兼博物学家。在很多情况下，他们都把送来的植物称作新物种，而小胡克认为它们不是新的，因为没有足够的特征显示其同其他植物的区别。对于他来说，在一个如此消耗精力的学科中浪费时间，是莫大的潜在犯罪。他认为，更糟糕的是，许多人声称发现了所谓新物种，目的只是想获得命名的荣耀。

因此，约瑟夫·胡克的雄心是试图将邱园树立为一个强大的权威机构，以此为中心推行一种规则，依据邱园的收藏对来自殖民地的相互竞争的植物做出评定。这一努力并非没有受到阻力。举例说，在地球另一面的博物学家兼传教士威廉·科伦索强烈地感觉到，他比小胡克更有资格对在新西兰发现的植物做出判断。新西兰是科伦索的第二家乡，他在那里不遗余力地搜集植物，最终一共贡献给邱园6000件新西兰植物标本，而且还寄来了毛利人（Maori）的一些器物，如展示纹面图案的葫芦瓶等，全部收入了邱园的经济植物博物馆。科伦索日益偏爱原住民文化，同毛利人邻居的关系很亲近。他的观点十分明确：新西兰的植物比小胡克所认可的更为丰富多样。以蕨类植物为例，如穗花罗曼蕨（*Lomaria procera*），科伦索声称新西兰有16个不同的物种，而小胡克只承认一个。

小胡克终于对科伦索的过度自信感到厌烦了。“由于你没有标本做参照，”1854年他写信给科伦索说，“你把世界上的一些广为人知的蕨类植物说成是新的发现。”然而，科伦索并不放弃；他确信，粘在标本卡上的干燥植株绕了半个地球才到达邱园，它们的一些细节在旅程中丢失了。他对考察本地植物充满激情。新西兰麻（*Phormium tenax*）是他最喜欢的植物，毛利人称之为“哈拉克克”（harakeke），它的种类繁多，是当地的一个经济支柱，在原住民社会生活中有上百种用途。在科伦索看来，这些植物之间的不同点是很明显的，完全值得赋予“物种”的地位。但小胡克没有被他说服。

假如小胡克接受了科伦索之类的人提交的所有新物种，对标本馆的影响将非同小可，即使是邱园的全部建筑物也无法容纳这么多的收藏；仅就可操作性来说，也给约瑟夫·胡克的归并方法提供了理由。吉姆·恩德斯比解释说：“胡克所做的是，将新西兰的蕨类植物同整个南半球的蕨类进行比较。从中可以看出一种渐进的系列，一个形式接近另一个。所以，若将整个系列排列在标本馆的地板上，就看不出有很明显的突变了。既然没有明显的突变，那么，胡克认为，就不能证明形成了一个不同的物种。”

因而，尽管科伦索认为自己身处新西兰，对当地的活标本了如指掌，最有发言权，但小胡克仍然相信，应当通过比较来自栖息地及国家范围的所有样本来定义一个物种，这是唯一正确的方法。用吉姆·恩德斯比的话说就是："从某种意义上说，胡克同他试图研究的植物是没有实地接触的……但是，通过研究邱园的干压标本，他能够做到在实地做不到的事。"小胡克认为，只有站在邱园这个中心点，才能对相互竞争的新物种宣告做出权衡和判断。他几乎经常从归并工作中获得极大的快感。"这是件疯狂和开心的事，"他写信给边沁说，"我每天都会否定几个所谓新物种。"

达尔文希望约瑟夫·胡克为他的"物种巨著"搜集案例。该书最终出版，名为《论借助自然选择的物种起源》（*On the Origin of Species by Means of Natural Selection*）。达尔文强烈地倾向于认为，自然选择会对种类繁多的物种产生作用，使之逐步发展成为多个新物种。不过他同时也强调，进化的步伐是十分缓慢的。小胡克推断说，要经过许多代的漫长岁月，微小的变异才能演变为真正的独立物种。

今天，邱园的植物学家们仍在奋力地攻克约瑟夫·胡克所遇到的难题，虽然近年来借助DNA分析技术，这已经变得容易多了。马克·蔡斯概述了目前植物学界的观点：

> 关于物种，我们试图做的是给它取一个名字，即建立一个固定的概念，但实际上它是一个永不休止的过程。植物物种不是静态的——它们是不断发展变化的，有些正处于高度多样化的时期，另外有一些则可能正走向灭绝。尽管如此，在时间长河的这一快照瞬间，我们必须能够根据此时所观察到的情况来描述植物的多样性。人们总是难免有不同的见解，他们会划定一个界限，

185

85

Oct 17th /79

DOWN,
BECKENHAM, KENT.
RAILWAY STATION
ORPINGTON. S.E.R.

My dear Hooker

I thank you heartily for your most kind congratulations about Horace; which rejoices us deeply.

I happened to know of the reference to the work on Welwitschia given, I think, Oliver's hand-writing.

But I write now for the chance of your having any or all of the 5 kinds of seeds on next page: I want much to see how the seedlings, which are so peculiar break through the ground.—

Ever yours

Ch. Darwin

over

查尔斯·达尔文写给约瑟夫·胡克索要种子的信，1879年10月17日说：“这就是一个物种。”

今天，分类学领域仍然存在“归并”和“拆分”两种倾向，二者的关系始终处于紧张状态。在约瑟夫·胡克看来，宣告植物物种应当坚持严谨、认真的科学态度，必须建立在国际公认的命名系统的基础之上，从而让博物学研究上升至与化学和地质学同等的地位，成为一个新的、严肃的并且值得尊敬的学术领域。蒂姆·乌特里奇的团队在鉴定会上终于得出结论，那种带有白色棉花的植物并不是一个新物种：“在标本馆里发现了很多同它的性状相似的植物，我们刚刚就此写了一份报告，即将发表。”最后，对于那个永恒的问题：区分物种的界限究竟是什么？目前仍然没有简明的答案。

第 6 章

人工驯化：美轮美奂的王莲

安妮·帕克斯顿（Annie Paxton）站在王莲的叶子上，
1849年11月《伦敦新闻画报》插图

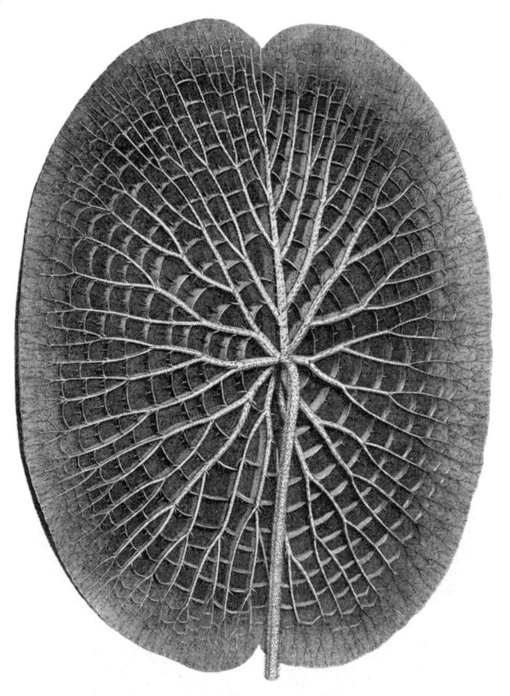

王莲巨大叶片的背面，威廉·夏普（William Sharp）绘于1854年

在邱园的威尔士王妃温室里，高耸的海里康属（*Heliconia*）植物后面有一汪深潭，长须的鱼儿们在水中慵懒地游弋。潭的中心漂浮着五片圆形的叶子，色调从浅绿到深红不等。这株植物是在1月栽种的，三个月来，叶片的直径已经长到了1.5英尺，虽然还没有什么耀眼之处，但是用不了多久，它便会吸引大批的观众。这株植物名叫王莲（*Victoria amazonica*），是睡莲中的女王。短短一个多月之后，当夏天来到时，它的叶子直径将会达到10英尺，芬芳四溢的花朵将会盛开。

“它的花朵非常之大，最初呈白色，在夜间开放，散发菠萝气味，”邱园科学收藏的协调人劳拉·朱伊特（Lara Jewitt）解释说，“它的温度也随之升高，引诱甲虫上门造访，然后它的花瓣就闭合起来，把甲虫裹在里面，为它传授花粉。授粉完毕，在第二天的晚上，它张开花瓣，甲虫便带着花粉飞出，去给下一朵花授粉。此时花朵变成粉红色，失去了菠萝气味，雄性器官就出现了。”

罗伯特·尚伯克（Robert Schomburgk）是较早发现这个植物界庞然大物的欧洲人之一。尚伯克出生于德国，在英国皇家地理学会

（Royal Geographical Society）担任勘测员，当时被派到英国的新殖民地圭亚那勘测水网。1837年元旦那天，他在伯比斯河（Berbice）的激流中艰难地航行，远远地看见一个不同寻常的东西。他敦促船员奋力划到近处，一个“植物奇观”展现眼前，这比他过去见过的任何睡莲都更大、更美：“水面漂浮着一张巨大的托盘状叶片，直径有5—6英尺，表面呈浅绿色，有一圈宽沿，背面的颜色是鲜红的。”更为妙不可言的是，它正在绽放，花朵华美壮丽，每朵有数百枚花瓣，呈现洁白、玫瑰和粉红等不同色彩。空气中弥漫着浓郁的馨香。“刹那间，一切都抛在了脑后，”他写道，“我觉得自己仿佛是一名植物学家，像获得了奖赏一样兴奋。”

尚伯克的独木舟实在装不下如此庞大的植物标本，因而他只采集了一只花苞和一片小叶子，塞进一只盛满浓盐水的桶里。他还详细地画出了植物的各个部分，包括种子、苞芽和叶柄（支持叶子的茎），然后便继续赶路。他又旅行了三个月，这只装着标本的水桶才连同其他共8000件植物标本，还有鸟皮、鳄鱼头骨、昆虫、化石和岩石等，一起登上了开往英格兰的邮船。当时尚伯克萌生了一个想法：应当将这株植物进献给英国的法定王位继承人维多利亚公主，并请求以她的名字命名。当这件标本及有关文件抵达英国皇家地理学会时，他想要表达的这种敬意显得更加得体了，因为此时维多利亚公主已经登基为女王，并成为地理学会的新赞助人。英国对这位年轻的女王寄予厚望，所以，用她的名字命名这种花卉将是再贴切不过的了。

尚伯克明白，他发现的这个新植物需要由一位植物学家来命名，所以他要求皇家地理学会将有关材料转递给伦敦植物学会。然而，皇家地理学会不赞成这样做，原因是不愿意让植物学会抢了这件事的风头。他们把标本和文件寄给了约翰·林德利（他不久就要撰写有关邱园的报告)。林德利作为园艺学会的助理秘书长和伦敦大学学院的植物学教授，完全有资格胜任这项任务，更重要的是，他还是皇家地理学会会员，可以为地理学会识别和命名植物，然后再由地理学会将信息转交给植物学会。就这样，尚伯克的笔记和素描，以及此时已经腐烂的莲花苞，很快就都落入了林德利的手中。

尚伯克以为他发现的是睡莲属（*Nymphaea*）的一种莲花。然而，当林德利将他提供的细节同睡莲属的其他植物进行比较之后，确信这种植物不是睡莲属，也不是芡属（*Euryale*），而是另一类生长在东方的莲花。对于否定了芡属，林德利一定颇感欣慰，因为古希腊神话中的蛇发三女妖中的二姐就叫 Euryale，她以毒蛇为头发，并长着尖牙利齿。以“维多利亚”来命名这样的植物，肯定不会讨女王的欢心。林德利最后做出的推断是，该植物属于科学界迄今未知的一个新属：“在我看来，若要充分体现发现人的想法，最好是不用他建议的独特名字‘维多利亚睡莲’（*Nymphaea victoria*），而是采用通常的方式将女王的名字嵌入属名之中。因此，我提议命名它为‘维多利亚王莲’（*Victoria regia*）。”事实证明，林德利选择的这个名字很不错，因为它顺利地获得了女王陛下的钦准。

当伦敦植物学会的主席约翰·爱德华·格雷（John Edward Gray）最终收到有关这一新发现的详细介绍时，他并不知道地理学会已经请林德利做了识别，因而又亲自为它分类，命名它为“维多利亚女王”（*Victoria regina*）。与此同时，有消息传来，1832 年，德国植物学家爱德华·波皮格（Eduard Poeppig）描述了一株极其相似的植物，生长在南美洲，他将之命名为亚马孙芡实莲（*Euryale amazonica*）。关于这种植物的正确名称到底应当是什么，人们讨论了很长一段时间，不过，用得最多的还是林德利的命名，直到 20 世纪它才被“维多利亚－亚马孙王莲”（*Victoria amazonica*）所取代。当时的植物学家们更关心的是如何搞到一些它的种子，从而可以培植出活的植物标本。1837年，苏格兰植物学家和园林设计师约翰·克劳迪厄斯·劳登（John Claudius Loudon）为《园丁杂志暨乡村及家养品种改进登记册》（*Gardener's Magazine and Register of Rural and Domestic Improvement*）撰文，表达了大众的热切心情："我们希望邱园能够很快地引进这种华贵壮美的植物，在植物园里建立一个展示女王陛下荣耀并具有先进园艺水平的水生植物馆，迓迎参观者。"

19世纪初，建造培育植物的温室成为一种新兴的工程。18世纪时，人们即建造养橘温室来展示奇花异草，温室的通常结构是北面为坚实的墙壁，南面是木框窗子。然而，工业革命的出现带来了新的机遇。炼铁的生产成本比过去大大降低，从而提供了一种比木材更强韧、更具可塑性的材料来制造玻璃格条。采用这种金属框架便能全方位地镶嵌玻璃。约翰·克劳迪厄斯·劳登是温室设计的早期创新者，他发明了一种锯齿形的沟垄式屋顶设计，可获得最大的采光效果。1816年，他取得了一项专利——柔性锻铁玻璃格条，这种玻璃格条弯曲之后仍可保持强韧。由于新材料和新技术的投入使用，弧形屋顶和玻璃穹顶如雨后春笋般出现了。不出四年，伦敦的康拉德·劳迪治父子苗圃（Messrs Conrad Loddiges and Sons）——它以专营奇花异草而闻名——便自豪地拥有了英国最大的一个曲线形玻璃温室，长80英尺，宽60英尺，高40英尺。

1823年，正当温室成为新兴富裕房主必备的花园设施之时，约瑟夫·帕克斯顿（Joseph Paxton）受雇于德文郡公爵（Duke of Devonshire），在德比郡（Derbyshire）的查兹沃斯庄园（Chatsworth House）里掌管园艺。踌躇满志的帕克斯顿首先修复了园林内的装饰，并改造了长期被忽略的整体布局，然后尝试在温室里种植水果和蔬菜，改进已有温室并增建新温室。接下来，他又对劳登的沟垄式结构做了改良，使阳光在上午和下午都可垂直地照射在玻璃上，最大限度地穿透玻璃；而在烈日当头的中午，则通过更大的倾斜角度，使照射到玻璃上的光线减弱。这一创新代表了温室设计的一场革命。

1835 年，帕克斯顿运用他在玻璃建筑方面的知识和技能，着手实施一个雄心勃勃的项目——建造一座宏伟的“大火炉”（Great Stove），可容纳来自全世界热带地区的巨大植物。“大火炉”长 227 英尺，宽 123 英尺，高 67 英尺，占地一英亩。它的玻璃框架用木

德比郡查兹沃斯庄园的巨型温室，由约瑟夫·帕克斯顿设计

材建造，由铁柱支撑，弧形屋顶展示了帕克斯顿的标志性沟垄式设计。他还修建了隐蔽的隧道，把燃煤运到安装在地下的锅炉里，将温室加热至热带的温度。

1836年初，当罗伯特·尚伯克在英属圭亚那探险时，帕克斯顿的这一建筑项目破土动工了。人们使用铁锹和手推车，单是挖掘地基就花了好几个月，三年之后整座建筑才初具规模，开始镶嵌玻璃。它采用了有史以来最大的玻璃窗格。1840年，“大火炉”胜利落成。帕克斯顿的传记作者凯特·科洪（Kate Colquhoun）描述说：“这是一项杰作，因为它非常漂亮；这是一项杰作，因为它十分宏伟；这是一项杰作，因为它提供了一个园艺剧场，让来自全世界的奇花异草在这里展现风采。达尔文参观后评价说，这个人造温室的热带环境比他原先想象的更接近于大自然。”

在英国，培育“维多利亚王莲”的工程开始了。尚伯克将一包“维多利亚王莲”种子送给了查兹沃斯庄园，帕克斯顿尝试让它们发芽，却失败了。到了1846年，邱园的威廉·胡克终于成功地使之发芽，从而在英国培植王莲的这场角逐中初战告捷。三年后，威廉有了30株左右的幼苗，分送给了包括帕克斯顿在内的其他园艺家。

下一个目标就是要让王莲开花。帕克斯顿决心在这场竞赛中夺魁。他在“大火炉”里建造了一个水池，模拟植物原生热带栖息地的环境条件。他采用加热的管道给土壤增温，用小转轮来保持活水流动，并通过输液管给幼苗提供养料。8月初栽下了一株幼苗，有四片叶子，直径约6英寸。到了10月初，其中一片叶子已经长到直径4英尺，水池都快容纳不下了。11月初，出现了第一只花蕾。帕克斯顿满怀胜利的喜悦写信给他的雇主：“尊敬的公爵，维多利亚要开花了！昨天上午出现了一只丰硕的花蕾，好似一个大顶花

1876 年《园丁纪事》（*The Gardeners' Chronicle*）杂志上的玻璃温室广告

饰；今天晚上，它看上去仿佛是盘中的一只大蟠桃……它是如此瑰丽，我简直找不出恰当的语言来形容。”

帕克斯顿诱使这种热带植物在 11 月的英国开了花，这一成功是借助了工业革命的力量。工业革命提供了适宜建造温室梁柱的钢材、新型的弧形玻璃，以及驱动蒸汽锅炉的技术。与此同时，工业化造成的空气污染也刺激了玻璃房建造业的发展，因为在温室里生长的植物可免受烟尘的侵害。

帕克斯顿意识到，他在“大火炉”里培育出来的植物可以反过来刺激设计灵感，进一步提高温室建造技术。当《伦敦新闻画报》（*London Illustrated News*）的一名记者前去采访王莲盛开的消息时，帕克斯顿在现场演示了这种了不起的植物的叶片支撑力。他把自己的小女儿安妮放在一只锡盘里，置于一片叶子之上。莲叶轻而易举地托着安妮，安静地浮在水面上。帕克斯顿由此产生了一个灵感：或许可以效仿莲叶的构造来设计温室，使玻璃屋顶

约瑟夫·帕克斯顿为 1851 年举办的世界博览会设计和建造的水晶宫

的承受力更强。

莲花自然工程这类问题，激励和启发了求知欲旺盛的维多利亚时代人。去亚马孙地区探险的人也很欣赏这种植物，并记录了它的非凡构造。英国植物学家理查德·斯普鲁斯（Richard Spruce）于1849—1864年在亚马孙和安第斯山脉旅行时，描绘了这种植物同人造工业产品之间的奇妙巧合："叶子的背面有些奇特的纤维纹理，使之看上去像是一块刚出炉的铸铁，血红的色泽和强壮的肋条更增加了二者的相似性。"

莲叶从中心辐射出悬臂梁，底部有大轮缘和非常粗壮的中央肋条，并带有横梁，因而，它在水面漂浮时不会变形或被压垮。帕克斯顿借鉴莲叶背面支撑肋条的自然结构，专门为"维多利亚王莲"在英国设计建造了一个新温室——莲花屋（Lily House）。它的沟垄式平面屋顶设计恰如莲叶交错的强壮肋条。后来，为了举办1851年的第一届世界博览会，英国需要一座崭新的建筑，帕克斯顿便考虑采用莲花屋的设计，将之放大数倍。这个建筑计划被采纳了。帕克斯顿凭借多年的经验，采用"维多利亚王莲"叶子的独特结构，创造出了有史以来最大的玻璃建筑——水晶宫（Crystal Palace），它坐落于伦敦的海德公园，长1848英尺，最宽部分为456英尺，高108英尺。水晶宫后来被迁移到锡德纳姆（Sydenham），1936年毁于大火，其遗迹尚存。

博览会隆重开幕，展示了大英帝国及来自世界各国的产品，其中包括一株蜡制的"维多利亚王莲"，它与真实植物同样大小，非常逼真。现在，不仅富裕的园艺家有机会欣赏这个来自亚马孙的奇观，广大公众也可以一窥其貌了。《伦敦新闻画报》的记者评论说："就在前一天，我碰巧在植物园里看到王莲开花，很难想象还有什么比这件仿造品更为逼真传神的了。蓝白相间的水莲环绕着花芽，宛如宫女们在侍奉着一位女王。”

远离原生地亚马孙的潮湿酷热环境，威廉·胡克和约瑟夫·帕克斯顿通过培育和诱发王莲发芽、开花，成功地营造出了世人心目中的热带雨林，激起了公众的极大兴趣。在一个大屋顶之下，水晶宫聚合了这种壮观植物的天然力道，向民众展示了日不落帝国的风采及其潜在的巨大商业机会。直至今日，人们仍然成群结队地来到邱园，争睹王莲的华美姿容。

第 7 章

经济作物：橡胶的发现及妙用

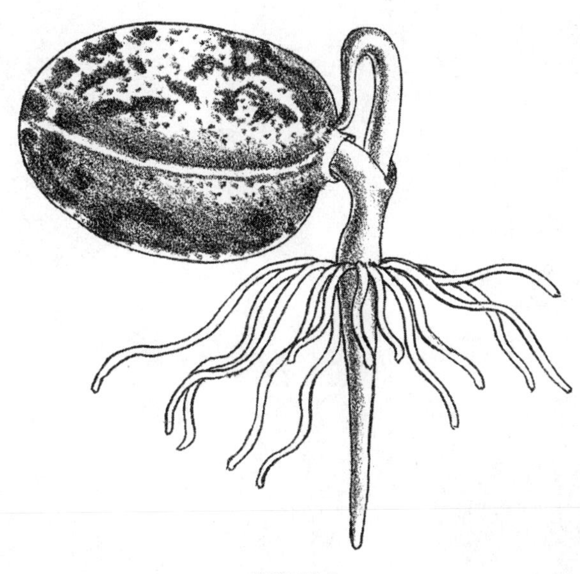

橡胶树幼苗

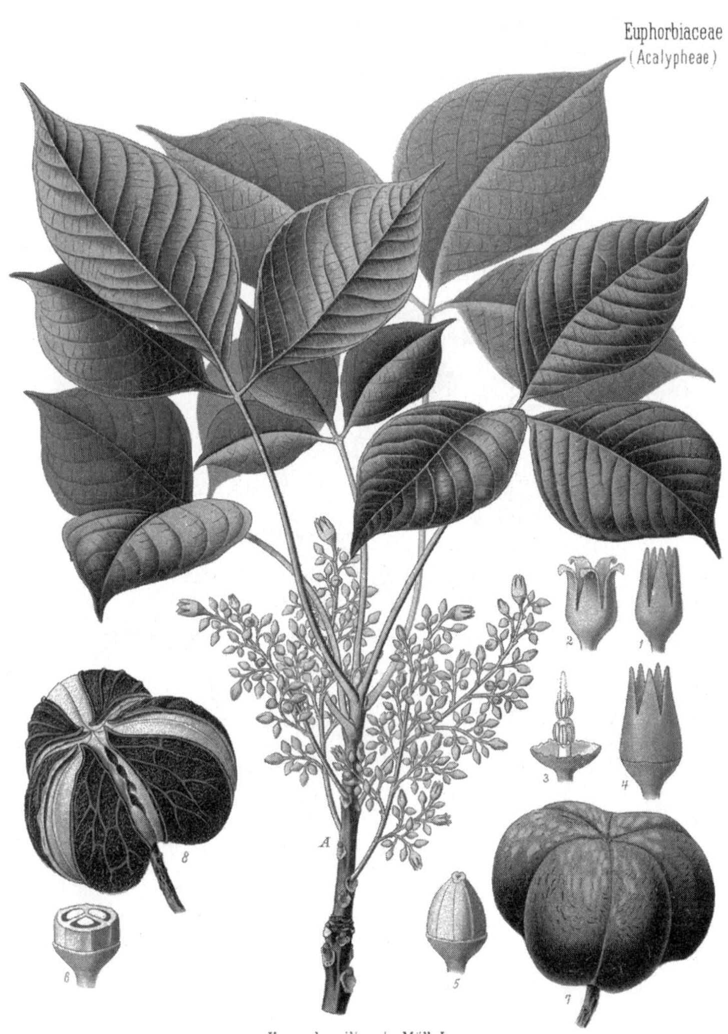

巴西橡胶树，绘于 1887 年

橡胶是英国历史上巨大的商业成功。倘若没有它，今天的世界将会是什么样子呢？显而易见，人们不会开着汽车去上班，不会有手术防护手套，也不可能打网球，更不可能通过全球电信网络进行交流。从能源发电、建筑到航空航天和时尚，橡胶的用途无所不在。然而，将时钟拨回到150年前，今天遍布全球的橡胶产业尚未诞生。那个时候，生成乳白色汁液（现在我们知道它是橡浆）的这种树木是南美洲野生的。正是由于英国政府实施了一项大胆的计划，其中包括从邱园派遣一位植物搜集者，“偷窃”了亚马孙热带雨林中的种子，橡胶才逐渐成为如今世人所依赖的主要商品之一。

大约3000年前，中美洲人便利用各种植物分泌的胶乳制作球类、玩具和吸管挤压球。1492年西班牙人开始在美洲建立殖民地，这种物质引起了他们的注意。据编年史家胡安·德·托克马达（Juan de Torquemada）在1615年记载，在墨西哥的西班牙人学会了用一种树的白色汁液做防水斗篷。1653年，神父贝尔纳贝·科沃（Bernabé Cobo）记述说，在热带丛林里行走时，把橡浆涂在袜子上可保护双腿。然而，欧洲人对这种物质尚未表现出太大的兴趣，直到 1736 年，法国博物学家夏尔·玛丽·德·拉·孔达米纳（Charles Marie de la Condamine）首次描述了橡胶（Hévé）——现在知道它是弹性卡斯桑木（*Castilla elastica*），又称巴拿马橡胶树，它可产出富有黏性的生橡胶。

几年后，另一个法国人，弗朗索瓦·弗雷诺（François Fresneau）描述了橡浆这种东西，并谈到它对西方可能有某种潜在用途。苏格兰人查尔斯·麦金塔什（Charles Macintosh）是较早发掘这一潜力的欧洲人之一。此时在英国，人们使用橡浆来擦掉铅笔痕迹，称之为"印第安橡胶"，因为早期探险家们把南美洲的土著人称作"印第安人"。然而，麦金塔什对橡浆的防水性能很感兴趣，早期去南美洲的旅行者也都对此留下了深刻的印象。他发现，将从液态胶乳获得的固体印第安橡胶放在煤制石脑油里溶解之后，把织物浸渍在该溶液中，即可制成防水面料。他用一块内层橡胶将两块橡胶布粘在一起，制成"麦金塔什防水双层织物"，并取得了发明专利。1823 年，麦金塔什防水外衣诞生了。这是一个重大的进步，因为当时绝大多数外套是用易于吸水的羊毛织物或棉布制作的。

然而，橡胶本身存在一个问题，即对温度变化极为敏感。查尔斯·古德伊尔（Charles Goodyear）①是橡胶产品的另一位开发者，他为美国波士顿邮局制作了橡胶邮袋，但有时无法使用，因为它们在炎热的夏天变得很黏，在寒冷的冬天又变得太脆。直到 1839 年，古德伊尔将橡胶同硫、铅一并加热，才创造出了一种性能稳定的材料。托马斯·汉考克（Thomas Hancock）曾与麦金塔什联手

---

① 为了纪念查尔斯·古德伊尔，美国的弗兰克希柏林兄弟于 1898 年成立了固特异轮胎橡胶公司。固特异即为"Goodyear"的官方音译。

改进橡胶外衣，在英国发明了一种类似的加工程序，称为“硫化”(vulcanisation)，取自古罗马火神（Vulcan）的名字。这种新工艺把橡胶变成了一种有利可图的商品。它的潜力似乎是无穷无尽的；从弹性面料到海底绝缘电缆，可用它制作的东西无所不包。

1851 年，为邀请公众亲眼见识大英帝国及其他国家的新兴产业，水晶宫里举办了第一届世界博览会。麦金塔什、汉考克和古德伊尔生产的橡胶制品均在该博览会上亮相。古德伊尔展示了全部用硫化橡胶建造的一套房间。此外还陈列了用橡胶制作的一些装饰品，包括首饰、烟斗和一只水果盘。这些展品向 600 万名参观者显示，橡胶的用途十分广泛，橡胶制品种类繁多。

阿尔伯特（Albert）亲王是博览会的一个关键的幕后推手，他十分热衷于促进艺术和科学的发展。伦敦的自然博物馆和皇家阿尔伯特音乐厅均是在亲王的支持下，利用那次博览会获得的利润而建立的。当亲王和维多利亚女王驻足麦金塔什的展台时，工作人员向他们献上了一块硫化橡胶板，上面镌刻着威廉·考珀（William Cowper）的诗《仁慈》中的片段：

> 商业的乐队再次奏响，
> 将各地的人类连接在一起。
> 若将无限丰富的资源比作长袍，
> 全球的金腰带即是贸易。
> 上帝展现了富饶大自然的多姿多彩，
> 我们要明智地推广他的愿景。
> 不同气候下的物产皆须互通有无，
> 并为广大民众提供无数有用的产品……

向王室成员献诗是一种有效的公关活动。当时，世界上许多极贵重的商品都来自于植物，如茶叶、咖啡、糖、烟草、棉花和麻等，该诗句捕捉了一个瞬间，让人们相信，为了人类的共同利益，利用上帝赐予的丰富自然资源而进行全球贸易，是一项高尚的事业。随着 1833 年奴隶制的废除，某些人甚至认为这种贸易活动是一种责任。尽管从糖业取得的财富是建立在奴隶制基础之上的，但是，其他植物产品的"合法商业"被视为有助于发展全球不同地区之间的友好关系。

到了 19 世纪中叶，邱园经常不断地收到国际植物学界送来的各种植物，包括新发现的和不同寻常的物种。邱园的专家们要对这些标本进行检测和识别，评估其潜在的经济价值。英国政府希望邱园培育出有商业价值的植物幼苗，运往各个殖民地的植物园，在那里大面积播种，形成专门作物的种植园。在英国政府印度事务办公室[①]工作的克莱门茨·马卡姆（Clements Markham）背着南美洲各国政府，秘密地将可用于治疗疟疾的金鸡纳树（关于治疗疟疾，参见第 15 章）从南美洲移植到了印度和锡兰（今斯里兰卡）。随着世界博览会的成功，对橡胶制品的需求大幅度增加，因此，获取生产橡浆的植物的种子成为英国政府优先考虑之事。

当来自南美洲的消息显示橡胶树有所减少时，这种紧迫感就加剧了。主要肇因是采集橡浆的人（被称为"割胶人"）往往在采集过程中把树皮全部剥掉。这样做虽然能达到让橡浆顺畅流出而易于采集的理想效果，但常常毁掉了整棵橡胶树。随着需求的增加，割胶人不得不长途跋涉到更偏远的地方去寻找橡胶树，这就增加了采

① 印度事务办公室成立于 1858 年，其职责是通过总督和其他官员来监管英属印度省，它包括今天的孟加拉国、缅甸、印度和巴基斯坦，以及印度洋周边的亚丁等地区。

集的成本，导致了价格的提高。植物搜集家理查德·斯普鲁斯在日记中写道，1853 年，在巴西北部的帕拉（Pará），橡胶价格飞涨，“大量的人口投入寻找和生产橡胶的工作”，他指出，仅在这个小省份里，就有 25000 人从事橡胶行业。这么多工人放下他们通常的活计来采集橡胶，导致其他作物，如糖、酒和木薯粉等，都必须从其他地方进口。

邱园档案中的有关信件显示，在生产橡浆的植物品种中，约瑟夫·胡克最青睐的是巴西橡胶树（*Hevea brasiliensis*）。当时有一个名叫亨利·威克姆（Henry Wickham）的漂泊者，他在巴西种植咖啡，并在中美洲一带做鸟皮贸易。1874 年底，英国政府准许他在当地搜集“10000 粒以上的橡胶树种子”，每 1000 粒种子可获 10 英镑的报酬。威克姆的植物学资历较浅，他曾为邱园提供植物采集服务，并写过一本书《荒野旅程札记：从特立尼达到帕拉》（*Rough*

“我的棚屋，天然橡胶生产季节，位于奥里诺科河上游”，亨利·威克姆 1872 年所绘

Notes of a Journey through the Wilderness, from Trinidad to Para），在其中介绍过一些有关橡胶的知识，仅此而已。他跟委托者就报酬问题进行磋商，久拖未决，直到 1876 年 1 月，他终于写信确认："我现在准备出发去库林加（Curinga）地区，以便尽可能为您采集大量新鲜的印第安橡胶树种子。"

英国政府原本打算在印度建立橡胶资源生产基地。1873 年，根据詹姆斯·柯林斯（James Collins）的建议，来自巴西的 2000 粒橡胶树种子被送达邱园。邱园的园艺家成功地让种子发了芽，并把培育出的幼苗运到了加尔各答和缅甸。然而事实表明，加尔各答的气候过于干燥，不适合橡胶树生长。柯林斯是医药学会的图书馆馆长，发表过涵盖历史、商业、供应和收割橡胶的几篇专论，他建议邱园获取更多的种子，尝试到适宜的地带，即锡兰和马六甲去栽培。马六甲是今天马来西亚的一个州，当时是海峡殖民地（Straits Settlements）的一部分。

邱园的约瑟夫·胡克并不清楚威克姆具备多少有关植物的知识，居然会委托他去搜集种子，这是有点令人奇怪的。不过，胡克当时受到了压力，急需为印度事务办公室获取橡胶树种子，而威克姆恰巧就在可采集种子的地区。威克姆兑现了在信中的许诺，搜集了约 70000 粒种子，并装箱运到伦敦。在海关申报时，他填写的是"极为娇嫩易损的植物标本，特此指定交付于英国女王陛下的邱园"。据威克姆本人记述，大部分种子是他"偷运"出巴西的。这个说法流传了多年，巴西人指控他是窃贼，声称此种牟利行为"依照国际法是站不住脚的"。然而，尽管这种行为可能受到谴责，但当时并不存在禁止植物材料出口的法律。1797 年，巴西人自己从法属圭亚那的卡宴（Cayenne）将香料籽运到帕拉，也没有被指控为"偷窃"。

威克姆提供的绝大多数橡胶树种子迅速腐烂了，只有大约4%发了芽。假如当初小胡克要求他提供鲜活的种子，从而大部分能够发芽，那么便是一个成功的壮举，但不知什么缘故，这一细节在合同中竟毫未提及。不管怎么说，邱园用威克姆运来的种子终究还是培育出了1919株巴西橡胶树树苗，1876年，它们连同32株巴拿马橡胶树树苗，由"德文郡公爵号"（*Duke of Devonshire*）蒸汽轮船运往锡兰的科伦坡（Colombo）。坐落在康提（Kandy）的佩勒代尼耶（Peradeniya）植物园接收了这些树苗。管理者乔治·思韦茨（George Thwaites）向小胡克证实："你将再次（原文如此）高兴地听到巴西橡胶树和巴拿马橡胶树已经全部抵达的好消息。巴西橡胶树树苗毫无疑问将会有90%的成活率，31株（原文如此）巴拿马橡胶树树苗中有28株看上去色泽青翠，也很有希望成活。"

锡兰的园丁们发现，由于受到干燥的东北季风的影响，佩勒代尼耶植物园里的橡胶树生长不良，于是，他们便把橡胶树移植到了新建的汉那拉思戈达（Henarathgoda）植物园，它临近海拔较低的科伦坡。根据邱园的记录，十五年后，汉那拉思戈达的一株橡胶树"生长在一个高于地面的院子里，树围已有6英尺5英寸"。人们已从这棵树上采割了三次胶，产量分别是：1888年为1磅11.75盎司，1890年为2磅10盎司，1892年为2磅13盎司。1880年，接替思韦茨的亨利·特立曼（Henry Trimen）写道："隔年割胶一次，树干的伤疤有充分的时间完全愈合，因此这种做法不会对橡胶树造成任何伤害。"

第一批橡胶树苗运到锡兰一年之后，其中的22株被转运到新加坡的植物园。管理人亨利·默顿（Henry Murton）将其中8株种植在园中，余下的种植在马来半岛的其他地方。默顿的继任者又用第一批橡胶树收获的种子培育出了1200株树。1888年，亨利·里德利（Henry Ridley）就任新加坡植物园园长，接管了这些橡胶树。在小胡克的敦促下，他积极致力于橡胶树的研究。“首要任务是整治生长失控的橡胶林，”他描述说，“它成了一片浓密的灌木丛，里面蛇蝎横行，蟒蛇竟有27英尺之长。”

里德利的试验表明，橡胶树在24小时中持续产生定量的橡浆，而且，被割胶人划开的裂口上重新长出的树皮内含有跟原来一样多的橡浆。这意味着可以每天采集橡浆，而且可以持续采集多年。里

亨利·里德利（左）展示“鲱鱼骨纹”橡胶采集法

德利采用的是一种“鲱鱼骨纹”提取法。其程序是先切割出一条垂直槽，再做两个薄如纸片的侧切。橡浆从两个侧切孔流入垂直槽，再流进放置在底座上的杯子里。然后将橡浆倒进牛奶罐中，加入乙酸进行处理，即可分解出白色奶油般的橡胶。将流体橡胶倒出来，摊成平板状，再经过预防发霉的烟熏工序，然后晾干，便可包装出口了。

此时，可用橡胶制品的种类越来越多，橡胶成了一种十分抢手的原材料。1890 年 6 月，据《印度橡胶、古塔胶暨电气贸易杂志》(*India-Rubber and Gutta-Percha and Electrical Trades Journal*) 报道，橡胶球鞋制造商未能满足春季商品的市场需求，“橡胶需求强劲并继续增大。有限的货源掌握在少数人的手里，市场几乎肯定要走高。尽管本季的绝大部分商品已经上市，但需求没有任何减弱的迹象”。

1882 年邱园的年度报告自豪地指出：“印度事务办公室发起的这项工程已胜利完成。”然而，更大的商业成功还在后面。1893 年，橡胶经纪公司赫克特、利维斯和卡恩（Hecht, Levis & Kahn）评估了邱园送来的锡兰橡胶样本，回复说质量“的确很好，硫化处理似看上去恰到好处”。最重要的是，他们确认，这种橡胶“将很容易大量销售”。随着对多功能新材料需求的上涨，橡胶取代了茶叶，成为锡兰的主要经济作物。

在印度洋彼岸的新加坡，里德利获得了“橡胶里德利”或“疯子里德利”的绰号，他预测橡胶很快就会供不应求。他的判断是基于一个事实：种植园主和地区官员纷纷上门向他索要大量的种子，种在他们自家住宅的周围。对橡胶感兴趣的人起初很少，由于种植园主蒂姆·贝利（Tim Bailey）通过种植橡胶树在几年之内赚了 500 万英镑，人们的观念便因此改变了。里德利回忆说：“人人都发了

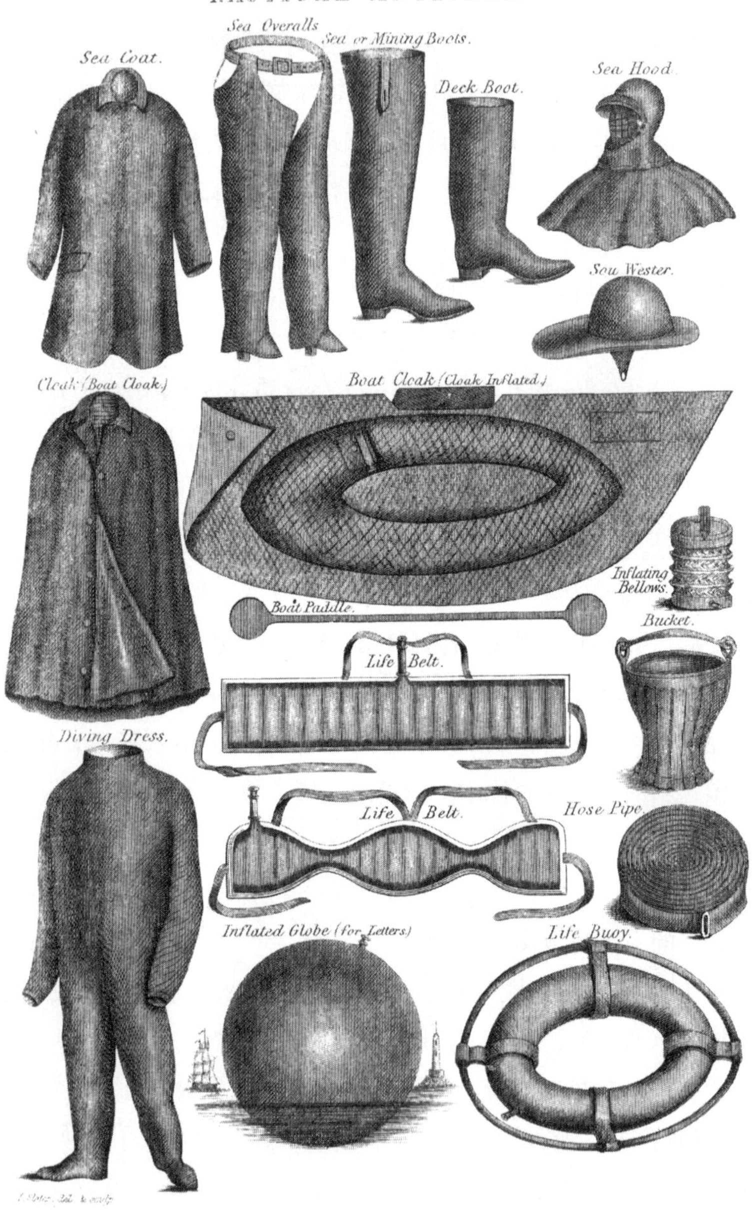

用天然橡胶制作的一些航海产品，1857 年

疯似的，所有的房地产，每寸空地，果园甚至花园里，橡胶树无处不在。橡胶是人们谈论的唯一话题。”当两艘运载巴西橡胶的轮船在亚马孙河沉没之后，橡胶价格更是直线飙升。马来西亚最初只有邱园的园艺家做实验用的 22 株橡胶树苗，可后来它的橡胶工业发展得非常迅猛，几乎在一夜之间就摧毁了巴西的橡胶贸易。

在邱园经济植物收藏馆的冷藏室里，至今仍然保存着当年世界博览会上展出的橡胶制品，供人们观赏。它们清楚地展现了这种新材料的多种用途。一只盒子里盛放着古德伊尔搜集的珠宝，皆用一种黑色硬橡胶制成，有链式手镯、花结耳环，还有一枚椭圆形胸针，上面镌刻着两只长着繁复犄角的鹿。另一只盒子里放着四个灰色垫圈，虽不像首饰那么迷人，但它们是用来连接蒸汽机的钢铁管道的，凸显了橡胶更为重要的用途。该馆馆长马克·内斯比特（Mark Nesbitt）指出：“橡胶有各式各样的日常功用，但其工业用途是最重要的。”

这些物件旨在展示新发现的橡胶材料的神奇功能，但不由令人

查尔斯・古德伊尔在 1851 年世界博览会上展示的一些橡胶制品，现为邱园经济植物馆收藏

回想起当时的繁荣、希望和企业家精神。维多利亚时代的大英帝国从其他国家获取有商业价值的植物，在它的殖民地里培植，用来制造成商品，进行全球贸易——从道德的角度应当如何评价这一段历史呢？答案也许是负面的；但是无论如何，我们应当承认，正是由于维多利亚时代人的远见卓识和锲而不舍的努力，才造就了今天价值数十亿美元的橡胶产业及其衍生的无数产品。

20 世纪 50 年代，合成橡胶的产量超过了人工种植园的产量，但合成橡胶无法完全取代天然橡胶，天然橡胶仍占全球橡胶产量的 40% 左右。假设小胡克、威克姆和里斯利之类的人没有挖掘出橡胶树的潜力，那么可以想见，今天人类的生命旅程大概仍然比较潮湿、颠簸、嘈杂和危险吧。

第 8 章

生态平衡：兰花狂热的传奇

野生奇唇兰（*Stanhopea*），摘自詹姆斯·贝特曼的《墨西哥和危地马拉的兰科植物》，1837—1843 年

Sale No. 3,184 | Telephone No. 809.

CENTRAL AUCTION ROOMS,

67 & 68, CHEAPSIDE, LONDON, E.C.

BY ORDER OF MESSRS. F. SANDER & Co., St. ALBANS.

CATALOGUE

OF AN

ENORMOUS IMPORTATION

IN SIMPLY SPLENDID CONDITION, OF

CATTLEYA LABIATA

Sander's Finest Red and White Type. The True Old Autumn-flowering Cattleya labiata. To be sold without any reserve. The

NEW DENDROBIUM SPECTABILE

NOW OFFERED FOR THE FIRST TIME.

See Flowers in Spirits, and Life-sized Drawing on view day of Sale.

Blossoms 3 to 5 inches in diameter, 20 to 25 borne on a spike, several spikes on a bulb.

A NEW WHITE SOBRALIA.

A NEW UNNAMED DENDROBIUM FROM POLYNESIA.

DENDROBIUM GOLDIEI, D. SPECIOSISSIMA,

AERIDES CRASSIFOLIUM, SACCOLABIUMS, &c.

TO BE SOLD BY AUCTION, BY MESSRS.

PROTHEROE & MORRIS

At their CENTRAL SALE ROOMS, 67 & 68, Cheapside, E.C.,

ON FRIDAY NEXT, MARCH 25TH, 1898.

AT HALF-PAST TWELVE O'CLOCK PRECISELY.

19 世纪的兰花热：进口兰花的销售广告

珍稀热带植物可望而不可求的日子早已一去不复返了。如今，种子发芽技术已经相当成熟，养殖者从蝴蝶兰属（*Phalaenopsis*）、石斛兰属（*Dendrobium*）和兰属（*Cymbidium*）植物的每个种苞可取得数以千计的小种子，从而培植出成千上万株植物，出售给公众，获得可观的利润。因此，只要我们愿意，花上几英镑，就能在当地的园圃或超市买到热带天堂里的一株植物。许多人都是这么做的。蝴蝶兰不止一次获得英国花卉协会（Flowers and Plants Association）授予的“英国最受欢迎的室内植物”头衔。而且，在邱园举办的年度兰花节上，人们还有机会观赏到热带环境里的一些更珍奇罕见的兰花。“兰花具有美妙的、充满异域情调的，有时是性感的内涵，”邱园的志愿导游员艾玛·汤森（Emma Townshend）说，“有些人赞叹从天花板上垂吊下来的万代兰（*Vanda*），它是那么多姿多彩，简直令人难以置信。还有些人喜欢走进凉爽的展室，去观察温带兰花的精巧细节。对有些人来说，当他们将面孔贴近一株稀有的兰花、嗅闻那芬芳的气味时，你会发现，他们的心情顿时变得非常舒畅。人们觉得，欣赏兰花是一种高级的享受。”

以前享受这些异域花卉并不是这么轻而易举的事。据《伦敦百科全书，或艺术、科学及文学通用词典》（*Encyclopaedia Londinensis, Or, Universal Dictionary of Arts, Sciences and Literature*）记载，1810 年，虽然种类繁多的石斛兰从美洲的热带和亚热带地区被引进了英国的花园，但是，必须具有精湛的技艺和极其细心的关注，才能克服重重困难，培育出这种“寄生”植物。“寄生”一词在此是指绝大多数热带兰花附着在其他植物上生长。事实上，它们并不属于寄生植物（parasite）——以消耗寄主为生，而是附生植物（epiphyte），从空气、雨水和周围的植物残骸中吸取水分和养分为生。

这种神秘的植物，栖息于地球上一些最美丽、最偏僻的地方，生长在高高的树冠上，看上去没有明显的滋养来源。起初，种植家不知道如何在温室里为这种所谓“空气植物”提供适宜的生长条件。邱园的植物学家最终在 1787 年成功地诱使一种名叫章鱼兰（*Prosthechea cochleata*）的热带兰花在英国首次开花。当这一消息，以及其他园艺家的早期成功范例传开之后，英国的所有植物爱好者都非常渴望亲自培育兰花。

到了 19 世纪初，根据《柯蒂斯植物学杂志，或花园展示》（*Curtis's Botanical Magazine, Or, Flower-garden Displayed*）的报道，树兰属的许多品种“已被培育出来，绽放完美的奇葩”。不久，康拉德·劳迪治父子苗圃便开始在伦敦的哈克尼培育和出售兰花，这进一步助长了人们对兰花的兴趣。1845 年，随着“窗户税”[①]的取消，加之一种使大块玻璃的生产变得非常廉价的新工艺的发明，越来越

① window tax，是根据建筑物的窗户数量收取的一种财产税。在 18、19 世纪的英国、法国、爱尔兰和苏格兰，窗户税对社会、文化和建筑领域产生了显著的影响。

多的人能够在自家后花园里建造温室，遍植奇花异草。这种奢华的享受，此前只限于巨富和权贵之家，是世俗社会中成功的一个重要标志。而现在，兰花变成了人人可以拥有的东西。植物搜集者跋涉到世界最狂野的边远地带，为植物园和私人收藏家搜集珍奇花卉，如今，他们更加专注于寻找这种诱人的植物。

“兰花热”诞生了。

《墨西哥和危地马拉的兰科植物》（*The Orchidaceae of Mexico and Guatemala*）记载了世界上某些极可爱的兰花如何抵达英国海岸的故事。该书是一部插图精美的鸿篇巨制，由栽培家和园林设计师詹姆斯·贝特曼（James Bateman）于1837年着手编撰，1843年完成。贝特曼将兰花描绘为“王室遴选的装饰品”，精妙地捕捉了帝国征服和科学研究交相辉映的巨大魅力。据说，贝特曼继承了他父母的爱好，从8岁左右即开始迷恋这种美丽的植物。在牛津大学读书期间，他有时旷课跑到托马斯·费尔伯恩（Thomas Fairburn）的苗圃里去闲逛。在那里，他第一次观察到火焰兰（*Renanthera coccinea*）吐蕊怒放的盛景。他后来回忆说：

> 毋庸置疑，我一见钟情。费尔伯恩先生只索要1几尼（当时兰花尚未风靡，价格不高），我当即买了下来。在圣诞节期间，它伴随我旅行去了奈普斯里（Knypersley）。我得到了钟爱的兰花，但对如何莳养它一窍不通。

大众对兰花的胃口是被乔治·尤尔·斯金纳（George Ure Skinner）刺激起来的。他是曼彻斯特的一位永不知足的收藏家，在危地马拉拥有大宗地产，为英国引进了近百个兰花新品种，其中，粉红色的“斯金纳利兰”（*Guarianthe skinneri*）即以他的名字命名。

相对来说，在斯金纳寄来标本之前，英国人对那个中美洲国家的植物一无所知。贝特曼在《墨西哥和危地马拉的兰科植物》中记载了斯金纳为此付出的努力：

> 刚一收到我们写给他的信，斯金纳便立即着手挖掘这些宝藏，把植物标本从危地马拉的森林栖息地转移到他家乡的“大火炉”里，几乎从不间断。在追求这一目标的过程中，他付出了种种牺牲，经历了百般艰难困苦。无论是身患重病，还是处于紧急商务或战争危险的情况下；无论是在大西洋海岸被关押隔离，还是在太平洋遭遇海难，他从未放弃任何机会，从未停止将新发现的植物加入他的收藏系列！

作为一名植物收藏家，斯金纳在将近30年间，共39次横渡大

乔治·克鲁克香克（George Cruikshank）的漫画：主角是詹姆斯·贝特曼的巨著《墨西哥和危地马拉的兰科植物》

西洋。在最后一次旅程结束时，不幸的命运降临到他的头上——从巴拿马出发的那天他病倒了，感染上了黄热病，两天之后即与世长辞。

在英国煽起搜集狂热的兰花中，最突出的一种叫作红唇卡特兰（*Cattleya labiata*）。博物学家威廉·斯文森（William Swainson）于1818年在巴西的伯南布哥（Pernambuco）首次采集到它的一些标本，然后，热带植物引进培植家威廉·卡特里（William Cattley）成功地移植了一株标本，开出了一朵雍容华贵的喇叭状花。所以这种兰花就以他的名字命名。

另外还有几株红唇卡特兰样品被诱发开花，在园艺界引起轰动，并且助长了购买需求。然而，供应源很令人失望，没人知道斯文森采集到这种兰花的具体地点。由于那个时候搜集家探索的地区往往还没有纳入地图，所以无法确定植物的地点。18年后，博物学家乔治·加德纳（George Gardner）在巴西旅行，他认为自己从两个地方采集到了红唇卡特兰的标本：一处是在加维亚山（Gavea），另一处是在对面的博尼塔峰（Bonita）。然而后来确认，它们属于另外一个品种，叫作裂瓣卡特兰（*Cattleya lobata*）。

令人神魂颠倒的红唇卡特兰一直是踪影难寻。转眼过了很多年，1889年，终于有人在伯南布哥重新发现了它。它的再次亮相，进一步加剧了兰花搜集狂热。

第一家兰花种植协会于1897年4月在曼彻斯特成立，不久就有更多协会涌现，遍布英国各地。随着兰花日益流行，栽培者范围扩大，商业苗圃可通过大量搜集来获得可观的利润。于是，他们派出了成群结队的植物搜集者；在1894年，仅一个苗圃就派出了20个人到世界各地的丛林去采掘。这样做的结果是，受追捧的兰花品种在大自然里极大地减少了。邱园园长约瑟夫·胡克对人们采掘兰

维奇苗圃（Veitch）的目录，上面显示该苗圃从1886年开始销售兰花，每株42先令

花的规模感到万分震惊。他非常沮丧地描述了在加尔各答皇家植物园发生的情景（搜集者们挖掘了数百筐兰花）：

> 跟詹金斯公司和西蒙公司的搜集者在一起的，有二三十个福尔克纳公司和罗布公司的人，还有我的朋友卡班（Kaban）和凯夫（Cave），以及英格利斯（Inglis）的朋友。这里的道路已经被践踏成仿佛槟榔屿（Penang）的丛林，我绝不是夸张，绵延好几英里的道路上，好似被狂风袭击过一般，腐烂的枝条和破碎的兰花比比皆是。不久前的一天，福尔克纳的人送来了1000只筐子，并声称外面还有150只，因为有大量的兰花物种值得采集培植，这意味着他们会继续为你在英国的温室供货。如今，要想找到新奇的兰花，唯一的可能是去亚三（Assam）、金惕（Jyntea）和加

洛（Garrows）的致命丛林。因此，我是不会花钱搜集兰花的，宁愿搜集棕榈和芭蕉目之类的植物，它们比兰花更难获得，却不是这群掠夺者所拼命追捧的。

随后的研究表明，兰花的茁壮生长依赖于特定的授粉者，授粉者转而又为生态系统提供至关重要的服务。换句话说，如果把兰花以及它们赖以生存的植物从栖息地里挖走，那个生态系统就不能健康地运行了。查尔斯·达尔文是科学界揭示兰花同其栖息地之间关系的第一人，他指出，某些兰花的花朵只接受特定的授粉者来采集花粉。

“达尔文悟出了两个非常重要的问题。”吉姆·恩德斯比解释说，“一个是，传统上认为美丽的奇花异草是上帝创造出来愉悦人类的，这显然不能成立。第二个，更为有趣的是，通过自然选择而进化的理论解释了兰花的奇异多样性，因为，只有这样才能说明授粉昆虫同它们喜欢的兰花之间精巧的契合关系。”

达尔文在《物种起源》中提出了植物和动物是通过自然选择进化而来，而不是被创造出来的观点。该书出版三年之后，达尔文变得日益着迷于兰花，形容它是“普遍公认的植物王国中最奇异、最变化多端的植物之一”。他考察了许多在英国培植的品种，进行了有关实验，然后充分利用当时养殖异域兰花的流行风气，在他的家人、朋友和众多通信者（包括约瑟夫·胡克）的协助下，将研究范围扩大到了世界各地。他于1862年出版了《兰花利用昆虫授粉的各种伎俩》（*The Various Contrivances by which Orchids are Fertilised by Insects*），通常简称为《论兰花授粉》（*Fertilisation of Orchids*）。书中展示了自然选择的证据。达尔文解释说，兰花花朵的各种不同形态，是兰花植物及其昆虫授粉者之间互动关系直接导致的结果。

乔治·克鲁克香克的漫画《是蟑螂，不是兰花！》讽刺了大肆进口奇花异草带来的危险

某些兰花引诱昆虫的方式是通过分泌花蜜。当昆虫将喙插入花中吸吮花蜜时，不经意地就沾上了花粉。然后，当昆虫去造访同一品种的另一朵花时，就把花粉传授给它了。有特定授粉者的植物具有优势，尽管这意味着授粉者数量较少，但由于这种昆虫只会去造访同一种植物，其结果是较少浪费花粉，因为绝大多数植物不能通过其他物种的花粉来繁殖。这种适应性也对昆虫有利，因为其他种类的昆虫不太可能与它争食特定兰花的花蜜。

1862 年，詹姆斯·贝特曼寄给了达尔文一件标本，它有着惊人的喇叭花，呈星状开放。达尔文写信给约瑟夫·胡克说："我刚刚收到贝特曼寄来的一个盒子，里面装着一株大彗星兰（*Angraecum sesquipedale*），它的蜜腺（植物生产花蜜的器官）有 12 英寸长。天哪，真不知什么样的昆虫才能吮吸得进去。"在几天后的第二封信中他仍在琢磨着这个问题："在马达加斯加，必定有一种蛾的口器能延伸到 10—11 英寸。”达尔文的一种推测：蜜腺如此长的兰花必须由口器长度相当的蛾类来授粉。在他去世 25 年后，1907 年，有人真的发现了具有这种特征的蛾子，它被命名为马岛长喙天蛾马岛亚种（*Xanthopan morganii* ssp. *praedicta*）。不过，直到 1992 年才有人拍摄到它的授粉影像，影像生动记录了它从兰花植物取食并在花朵之间飞行、授粉的过程。

在达尔文创立进化论时，他提出的基本原理在当时被有些人视为同宗教信仰相抵触。他在 1861 年写道：“我们现在看到的兰花生成的模样，真是令人难以置信，从它的每个部分都能找到屡次修改的证据。”达尔文对兰花的研究有助于说服其他人相信进化的现实。兰花与授粉昆虫之间表现出的亲密关系令人信服地证明，自然选择是进化发展的机制。由于有了进化论这一武器，生命科学家的研究变得更加严谨缜密，更具可信度，其预测具有了可验证性。20 世纪进化生物学的领军人物之一厄恩斯特·迈尔（Ernst Mayr）2000 年在《科学美国人》（*Scientific American*）杂志上宣称，迄今为止，没有任何一位生物学家像查尔斯·达尔文那样，如此具有颠覆性地改变了普通人的世界观。

今天，植物学家估计全球大约存在 3 万种兰花。根据达尔文和其他人的研究结果，人们了解到，在兰科植物的繁殖发展过程中，兰花同其授粉者之间高度专一的关系扮演了重要的角色。

然而，对于需要极其特殊的环境条件才能繁殖的物种来说，一旦生存环境发生突变，便极易受到打击。吉连·普朗斯（Ghillean Prance，1988—1999 年任邱园园长）通过研究兰花和亚马孙热带雨林的生态关系，有力地揭示了这种易受伤害性。

普朗斯发现，以具商业价值的野生巴西栗（*Bertholletia excelsa*）为例，它的丰硕果实有赖于亚马孙雨林的生态环境，包括兰花的健康生长。巴西栗需要雌性“兰花蜂”（euglossine）给它的花朵授粉。这些雌蜂只会跟特定的雄蜂交配，即那些成功地从几种兰花上采集到鸡尾酒气味的雄蜂，而这几种兰花在不受干扰的森林里才能茁壮生长。不同植物和动物之间依存关系的这种微妙平衡生动地表明，在维多利亚时代人可能会称为“自然经济”的环境中，很多兰花的栖身之处是相当不安稳的。

今天，邱园的自然保护生物技术团队仍在继续解析兰花及其栖息地之间的复杂关系。这些栖息地包括达尔文研究过的著名长蜜腺兰花及其朋友马岛长喙天蛾马岛亚种的故乡：马达加斯加。马达加斯加的兰花品种非常丰富，但其中许多处境危险。这个团队从该岛的中央高地上搜集了50种稀有兰花的种子，带回邱园繁殖和栽培。兰花的每个种荚内可有成千上万粒种子，每粒都有一个外壳，包含一个胚胎。兰花的种子与大多数植物的种子不同，它没有内置的营养供应器官（胚乳），所以，胚胎必须从外部获得养料才能发芽。

在野外，兰花发芽是依赖身边存在的特殊真菌，它们紧密地簇生在兰花的根部，为兰花提供它的种子所不具备的营养和碳水化合物，促进新苗健康生长。松露（truffle）专家艾伯特·伯恩哈德·弗兰克（Albert Bernhard Frank）将这种真菌命名为“菌根”（参见第4章）。在实验室环境中，可将这些碳水化合物和营养以简单的形式供给兰花种子，所以不需要菌根。不过，与关系契合的真菌生长在一起的植物往往更容易发芽，且生长更迅速、更健壮。目前，邱园的团队正在野外搜集同马达加斯加兰花共生的真菌，以便在实验室里复制它们之间的依存关系。

在邱园的艾顿之屋实验室的一间气候控制室里，数百只透明的培养器皿（基本相当于植物栽培盆子）在金属架上整齐排列。自

邱园的兰花培植实验室，这是保护野生兰花的一步

然保护生物技术团队的带头人韦斯沃巴兰·萨拉山（Viswambharan Sarasan）拿起两只培养皿，里面是一些狗兰属（*Cynorkis*）兰花种苗，向人们讲解真菌的作用。

“在实验室条件下，让兰花种子发芽的传统方法是采用一种媒介，它含有基本的矿物质、维生素、糖和有机补充养分，如蛋白胨，它在此处的功能是促进幼苗生长，”萨拉山指着培养皿中的三四株小绿苗解释道，“这意味着植物在开始进行光合作用之前，就可以在培养皿内发育。（光合作用是指利用光能产生糖，作为植物生长的养料，参见第 11 章。）然而，在相同的环境条件下，假如不添加矿物质、糖或其他有机补充物，而是添加一种特定的菌根真菌，那么，种子发芽更快，而且成活数量可增加十倍。”说着他拿起第二只培养皿：“瞧瞧这里的小苗，肯定接近 100 株了。共生菌为这些种子的发芽和生长提供了理想条件。添加共生菌可以培育出更多的植株，速度更快，质量更高。”

探索如何在实验室里培植兰花，是保护马达加斯加野生稀有兰花的一个重要途径。邱园植物学家的计划是，最终能够在实验室里提高这些植物幼苗的产量，然后在园艺苗圃里种植，以这种方式来帮助恢复野生物种，让它们成为能够自我维系的种群。鉴于很多地区的自然环境都面临着各种威胁——滥砍滥伐、非法采集植物、采矿、刀耕火种的农业等，这一实验的成功对于帮助兰花在自然栖息地重获生机是极为重要的一步。

“我们生产这些共生幼苗是为着大规模的放归或复原，”萨拉山说，“就定期监测而言，在马达加斯加进行这项工作是非常困难的，因为涉及的地带广袤，耗资巨大。因此，我们需要确保将适应力强的植物放归原生栖息地，让它们在大自然中复兴。六个月之后回到那里，应当看见这些幼苗依然存活，茁壮地生长。最终目的是，帮助那些实验室培育出的濒危珍稀兰花共生苗在野外安营扎寨，繁殖出自我维系的种群。只有到那个时候，我们的任务才可以说告一段落。”

因此，兰花是一个悖论。兰科植物的复杂进化过程使得它非常成功，赢得世界上最多样化植物的头衔。这一科植物的形状和样式令人眼花缭乱，从艳丽撩人的红唇卡特兰到奇妙无比的蜘蛛兰，花朵千姿百态。蜘蛛兰的形状能够诱骗爱吃蜘蛛的黄蜂，黄蜂试图抓住“猎物”，叮住花唇，花粉便粘在了它的头上，当它飞到另一朵蜘蛛兰上时，就顺便授粉了。几个世纪以来，兰花令无数人陶醉沉迷，如今仍被园艺家们视为上品。然而，与此同时，它们亦是地球上受威胁最大的植物之一。而且，有一些兰花，受到在世界各地的一些早期演变的激发，显露其特性中相当阴暗的一面：成为植物界的霸凌者。例如紫苞舌兰（*Spathoglottis plicata*），原产于澳大利亚，在那里，它是属于需要受到保护的植物，而在波多黎各，它却被视为一种侵略性植物，因为它阻碍了当地原生的开瓣布莱特兰（*Bletia patula*）的生长。正如植物学家们逐渐认识到的，在一个国家被视为“皇家饰品”的植物，在另一个国家可能被当作不受欢迎的杂草。

第 9 章

植物侵略：杜鹃花的恶作剧

原产于南美洲的侵略性植物马缨丹

约瑟夫·胡克在喜马拉雅山地区见到了很多未知的杜鹃花属植物

在创建闻名遐迩的苗圃之前，康拉德·劳迪治曾在荷兰哈勒姆（Haarlem）附近当园艺师。在他培育的异域品种中，有一株引人瞩目的常绿灌木，花朵呈淡紫色，原产于土耳其、高加索地区和西班牙。劳迪治于1761年迁徙到英国时，带去了这种灌木的一些种子，将它们种在位于哈克尼的苗圃里，该苗圃的主人、律师约翰·西尔维斯特（John Sylvester）爵士是他的新雇主。这些是最早播种在英国的种子，后来，这种灌木大量繁殖开来。到了19世纪中叶，邱园园长威廉·胡克报告说："这显然是一个事实，没有任何一种开花灌木像这个东方物种这样容易栽培，它已经到处都是，或者说，成了堵塞道路之物。它似乎立即就获得了一个大名：彭土杜鹃（*Rhododendron ponticum*）。"

上文引自威廉为他的儿子约瑟夫·胡克的《锡金－喜马拉雅山地区的杜鹃花属植物》（*Rhododendrons of Sikkim-Himalaya*）一书所写的序言。这部华丽的三卷本出版于1849—1851年，展示了约瑟夫在亚洲之行中见到的43种杜鹃花。约瑟夫曾在信中描述了在野外看到这些植物的景象："杜鹃花绚丽壮观，变幻多端，仅在这一座山上即有十种之多：鲜红、暗红、雪白、淡紫、鹅黄、淡粉，色彩缤纷，竞相绽放，漫山遍野，熠熠生辉。”

约瑟夫·胡克去印度采集植物时是 30 岁。他酷爱旅行，早年远征南极洲之后，又到热带地区旅行，带回了各种各样的植物标本。他的目的地选择受到了父亲威廉的影响，始终锲而不舍地为邱园搜寻新奇的植物。1848 年，约瑟夫去了大吉岭（Darjeeling），顿时被那里的景观和植被深深地打动了：

> 我抵达大吉岭时，细雨蒙蒙，雾气弥漫，能见度只有 10 码左右，绵延 60 英里的雪岭（Snowy Range）全部被笼罩在雾雨之中，不见踪影。直到第二天清晨，我才第一次领略了它的风光，真是无比壮美，令人屏息且心生敬畏。从我站立的那个地方向四周眺望，森林覆盖的六七座山岭连绵起伏，高耸的山峰上白雪皑皑，银光耀眼……群山众壑的轮廓投射在淡蓝的天穹上；缕缕薄雾在几座高峰之间悠然飘行，被初升太阳的光芒染成了金黄色和玫瑰红色。阳光总是最先照射到这些高峰上，要过很久才会眷顾我所下榻的山腰之处。

在当地的英国居民和雷布查（Lepcha）脚夫的协助下，小胡克搜集到了很多种杜鹃花植物。雷布查人是锡金的一个少数民族，又被称为绒巴族（Rongpa）。小胡克的战利品大大增加了邱园培植的杜鹃花数量，尽管搜集工作并非易事：

> 为了采集杜鹃花的种子，我攀登到了海拔 13000 英尺的高处，一路上颇为艰难，手指冻得僵硬……在 3 月去野外做植物考察是很辛苦的。有时在茂密的丛林里跋涉，必须戴牢帽子和防护

> 镜，绝不能鲁莽从事……当然，有时又要像老鹰展翅那样将四肢张开，紧贴在悬崖峭壁上行进；还有的时候，要穿过狭窄的木桥，没有任何可供手扶之物，脚下便是巨大的深渊。

小胡克也遇到了来自政治方面的一些障碍。大吉岭北部的锡金王公对英国人的到来感到紧张，担心会因此引发中国的干预，这是不无理由的。1849 年，由于印度政府施压，王公勉强允许小胡克的人马经过锡金，条件是他们不能前往西藏。然而，植物的诱惑力实在太大，为了寻找更多的杜鹃花，还有蓝色、粉红色和紫色的报春花，小胡克按捺不住，最后还是越过边境进入了西藏。结果，王公软禁了小胡克和他的同伴。直到英国发出入侵锡金的威胁之后，他们才被释放。

约瑟夫·胡克在书中详细描述了杜鹃花的风情，加之植物画艺术家沃尔特·胡德·菲奇（Walter Hood Fitch）手绘的精美插图，令园艺家们大为着迷，在欧洲掀起了一阵杜鹃花热。从锡金之旅带回的种子被分给了 21 个人，包括查尔斯·达尔文和约瑟夫·帕克斯顿；另外还有欧洲的 8 家植物园，苏格兰、英格兰和爱尔兰的 19 座杜鹃花园，英国的 11 个苗圃每家也都分到了一些种子。由于这种浓绿茂密的灌木可增添富丽气象，乡绅们纷纷热衷于在自己的宏伟庄园里种植和杂交杜鹃花。他们用彭土杜鹃作砧木，嫁接小胡克从锡金带回的品种；19 世纪 60 年代后期，猎食野味的风俗开始流行，人们在林地中大片种植杜鹃花丛，营造飞禽和小兽的栖息之所，以享射猎之乐。

在旅行中，约瑟夫·胡克目睹了兰花搜集者造成的巨大破坏，因此，他是较早开始思考人类可能对世界植被造成的长期影响的植物学家之一。1882 年，邱园开放了一个画廊，陈列玛丽安·诺

沃尔特·胡德·菲奇为《锡金－喜马拉雅山地区的杜鹃花属植物》所绘的杜鹃花

斯（Marianne North）的绘画作品，她是一个最见多识广的旅行家，也是极具冒险精神的植物画艺术家之一。约瑟夫·胡克参观画展之后，深有感触地写道：

> 这里展示了很多画作，生动、真实地再现了极为有趣和独特的景色，以及植物界的奇观。然而，我想善意地提醒参观者，如今，虽然那些地方是游记读者十分熟悉的，旅行者也可以很方便地前往，但是实际上，这些景色和奇观在大自然中已经不复存在了，或是注定不久就要消失，因为它们遭遇了大量砍伐和森林火灾的吞噬，被移民或殖民者不断扩张的农牧业摧毁了。这些景观一旦被毁灭，便不再可能由大自然重造，也将逐渐从人们的脑海

维多利亚时代邸园的杜鹃谷

之中抹杀，除非像这位女士一样，运用绘画手段将之记录下来，向我们及后代展示那些将永远逝去的美景。

所以说，不无讽刺的是，在展示杜鹃花属植物的过程中，约瑟夫·胡克引发了一系列意想不到的后果，直到165年后仍在英国的乡村肆虐。正如他的父亲威廉指出的，杜鹃花属植物不需要什么人工帮助便能在英国茂盛生长。因此，它不仅产生了数以百万计的种子，而且通过根部生出吸盘，以及枝杈接触地面的压条形成新根，四处蔓延。一旦舒适地在新的地方安营扎寨，它就开始成倍地增长，从一个充满魅力的异域情人，变成了一个咄咄逼人的悍妇。吉姆·恩德斯比指出："现在，英国很多地区的杜鹃都过度蔓延，从最初主人的花园逃逸到野外，长成了茂密的灌木丛，在有些地方，它们甚至摧毁了天然植被。"

在19世纪移植异域物种的浪潮之中，有很多植物从一个国家被移植到了另一个国家，在新的家园里生根发芽，繁衍后代。杜鹃花只是其中的一种。

今天的许多"坏杂草"最初是被人有意引进的。恰恰是那些杰出的特征——耀眼的奇异花朵和巨大的叶片等，令它们在花园里拔得头筹，也令它们成为最强大的侵略者。导致这类植物大肆蔓延的一个罪魁祸首是野生花园运动，它是由园艺家兼记者威廉·罗宾森（William Robinson）发起的。罗宾森不喜欢千篇一律的正规花园，譬如水晶宫周围的那种设计，相反，他把自己的花园建成了"天然植物园"，分别栽培来自不列颠群岛以外的植物。他在1883年出版的《英国花园》（*The English Flower Garden*）一书中阐述了野生花园的理念，对园艺学影响深远。他写道："概括地说，这种做法就是在恰当的地点和条件下种植耐力最强的异域植物，从而使它们能

“自然风格的花园露台”，摘自威廉·罗宾森的《英国花园》，1883年

够成功地形成种群，自我繁殖。”像杜鹃这样长势迅猛又吸引眼球的植物，非常符合罗宾森的野生花园理念。

野生花园运动、植物搜集者、苗圃和植物园，都在引进一些制造麻烦的侵略性物种中扮演了重要角色。一个多世纪以前，这些因素共同导致了今天面临的难题：世界上平均每个国家有五十多种侵略性很强的植物和动物。在具备天时地利的条件下，外来植物可以打破本地植物、动物和真菌之间脆弱的自然平衡，乃至摧毁该地区的整个生态系统。邱园的英国海外领土暨自然保护培训部主任柯林·克拉布（Colin Clubbe）解释说：“当一些侵略性最强的植物被引进一个非常小的地区之后，它们的数量会呈爆炸式增长，很快就产生影响。它们先是迅速蔓延，然后强势地同本地植物争夺营养或光照，抢占地盘，排挤本地植物，从而可能导致其他物种减少甚至灭绝。”

马缨丹（*Lantana camara*）即属于这类侵略性植物，它最初是由荷兰探险家从南美洲引进欧洲的，随后逐渐传至全世界。它具备了一个成功侵略者的关键特征。它的金黄色花朵鲜艳夺目，英国人将之作为一种装饰性常绿灌木来栽培；它在贫瘠失调的土壤中生长自如，因此可以迅速蔓延；而且，即使它严重受伤，看似死掉了，最后仍能轻松地从原有根基再生出来。

大约在1807年，马缨丹作为绿篱植物被引进了加尔各答植物园。一个世纪之后，在印度为英国皇家林业局（British Imperial Forestry Service）工作的一个德国人，名叫迪特里希·布兰迪斯（Dietrich Brandis），指出这种植物的蔓延力极强，已成为锡兰和印度半岛的落叶林中“最棘手的杂草”。在接下来的50年中，情况更加恶化，据林业工人贾亚德夫（T. Jayadev）描述：“在不久前种植的柚木林里，马缨丹已经长成了密不透风的灌木丛，霸占了全部土地。”尽管园丁们试图将它连根铲除，但似乎总是“春风吹又生”。至今，它仍然是一个老大难问题。据印度的估算，目前控制马缨丹的成本约为每公顷9000卢比（约合人民币915元）。当今，全世界约有650个马缨丹杂交品种，给60个国家和岛群的自然植物生存带来了问题。

岛屿特别容易受到侵略性物种的影响。约瑟夫·胡克在1876年造访南大西洋的阿森松岛（Ascension）后，描述了岛上特有的（世上独一无二的）一种微型植物，名叫欧芹蕨（parsley fern），它具有精致的黄绿色叶子，很像小型的欧芹。1889年，这种植物再次被报道过，但此后就几乎被人遗忘了，直到1958年，英国科学家埃里克·达菲（Eric Duffey）报告说，在格林山（Green Mountain）北坡发现了它。此后几十年，尽管进行了多次搜索，但再也没人见到过这种植物。因而，2003年时，科学家们不大情愿地宣布它已经灭绝了；并且提出，欧芹蕨灭绝的一个肇因是铁线蕨（maidenhair fern）侵占了它在岩壁上的栖息地。可是，在 2010 年，当阿森松岛的自然保护部成员顺着格林山南坡攀登刀脊般陡峭的崖壁时，突然注意到光秃秃的岩石上长着一片微小的蕨类植物叶子。他们辨认出，它就是长期失踪的欧芹蕨！进一步搜寻后，人们又发现了另外四株微小的欧芹蕨。

这一发现启动了一个保护项目。专家们从这几株脆弱的小植物里搜集了一些孢子，放在一个无菌容器中，迅速地运到岛上的机场，然后飞往在牛津郡的诺顿空军基地，一辆在那里等候接运的汽车再将孢子送到邱园。邱园用这些孢子繁殖出了大量的欧芹蕨；阿森松岛的团队也成功地诱使一些孢子发芽，长成了植株。人们希望，合作各方能够继续努力，最终让欧芹蕨重返阿森松岛。但是，首先必须解决铁线蕨入侵的问题。

“我们现在做的实验之一是小规模地清除铁线蕨，尽力为欧芹蕨营造一个适宜的栖息地，以便它能够形成一个自我维系的野生植物种群，”柯林解释说，“我想，我们会一直坚持采用这些保护手段，利用野外园艺技能，尽量争取保持竞争物种之间的平衡。一旦发现打破栖息地生态平衡的侵略性植物，便立即采取积极的干预措施。”

由于试图根除侵略性物种的努力常常失败，控制侵略性物种的费用高昂，所以，必须寻找新的解决办法。根据世界银行 2010 年提供的数据，在印度，32.7% 的人生活水平低于每天 1.25 美元。遍地生长的马缨丹能为穷人提供一种生计来源。它的浆果味道鲜美，可用来做果酱（鸟类也很爱吃，顺便传播了种子）；同时，马缨丹具有发展家庭手工业的潜力，人们利用这一丰富的资源来造纸或编织篮子。

“这不失为控制侵略性物种的一种解决办法，”英国开放大

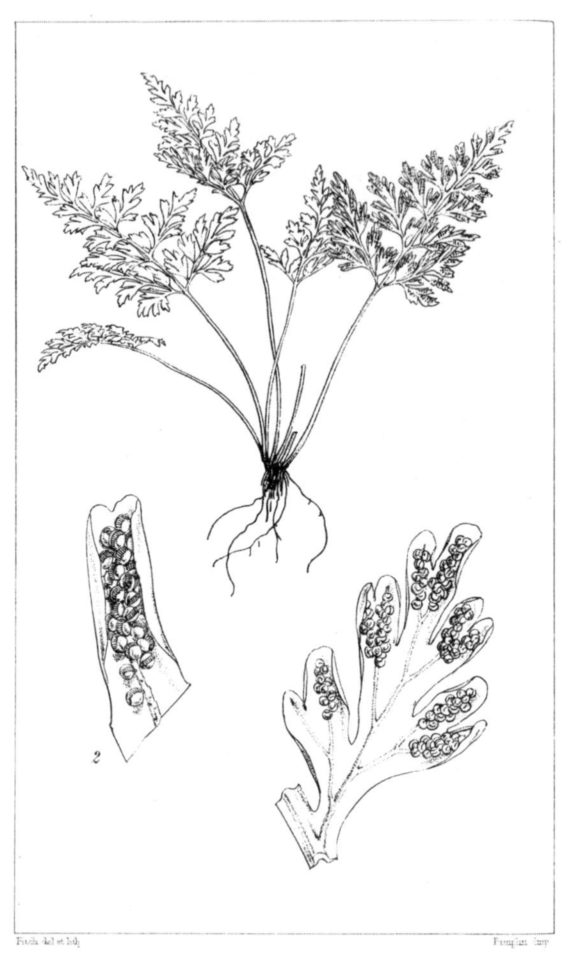

阿森松岛上的欧芹蕨，沃尔特·胡德·菲奇绘制

学（Open University）地理系的讲师肖尼尔·巴格瓦特（Shonil Bhagwat）指出，“自然保护主义者关注的是，如何更好地维系地方特有物种和濒危物种在生态系统中的永续生存。通过砍伐马缨丹来编织篮子等做法来控制它的蔓延，或许可以获得一个双赢结果。”

柯林·克拉布赞同说，对栖息地里的侵略性植物和本地植物进行综合治理可能是最好的解决办法，尤其是考虑到气候变化将促使世界各地的植物分布进一步演变。并且，事实证明，维多利亚时代的科学家们将外来物种引入新栖息地的举动并非全部产生了负面后果。

阿森松岛的格林山即提供了一个活生生的例证：一些非本地植物的共生可以形成一个生机勃勃的生态系统。今天，这座山岭被郁郁葱葱的林海覆盖，但它的植被并不是原生的，事实上，该岛上只有大约 25 种本地植物，其中十种是格林山所独有的。

这些山岭是如何被树木覆盖的呢？故事可以追溯到查尔斯·达尔文的“小猎犬号”航程。阿森松岛自 1815 年以来即由英国人驻扎，用作皇家海军的战略基地（拿破仑当时被囚禁在邻近的圣赫勒拿岛）。1836 年，“小猎犬号”在阿森松岛岸停靠四天，达尔文漫游了岛上的“沙漠火山岩”之后，酝酿出一个激动人心的构想：把阿森松岛改造成一个绿洲，一个“小英格兰”。

1843 年，当达尔文的朋友约瑟夫·胡克第一次访问该岛时，它已成为一个繁荣帝国的前哨基地，但是，缺乏新鲜淡水的问题限制了其发展。达尔文同胡克分享了他的想法，两人共同策划如何克服这个障碍。他们的计划是，通过在阿森松岛大量植树，达到收集雨水、减少水分蒸发、营造肥沃土壤的目的。由于英国皇家海军热衷于在岛上实现自给自足，所以他们也积极地参与这个计划；约瑟夫的父亲威廉也从邱园提供了帮助。1850 年，各种植物开始运抵阿森松岛。到了 19 世纪 70 年代，桉树、诺福克岛松、竹子和香蕉树都在山上成功地扎下了根，竞相生长，枝繁叶茂。如今，正如达尔文和胡克所憧憬的那样，这些引进的植物从周围的大西洋收集水汽，缓和了岛上的干燥环境。

今天，阿森松岛的茂密森林展现出一个新的生态系统，两三百种植物，包括外来的和本地的，入侵的和归化的，共生共荣。邱园在该岛引进植物的历史，可以说是世界上的首次“星球改造”实验，其结果是形成了一个自我维系的生态系统，更适宜各种生物栖息。由于气候变化给生态环境带来的影响日益突出，植物学家们现在将格林山视为一个应对的范例，在未来，有可能利用外来物种“创造”出正常运行并有复原活力的生态系统。在包含大量本土物种的一个生态系统中，强势的侵略性植物将始终被视为“敌人”，但其他一些外来植物也可能成为很好的“伙伴”。

然而，要在本地植物和外来植物之间保持平衡绝非一件轻而易举的事。我们上面谈到的这些例子，邱园和阿森松岛的自然保护者竭力拯救濒临灭绝的欧芹蕨，各国的有关部门持续努力控制马缨丹和杜鹃花科植物的过度蔓延等，都充分地表明了这一点。科学界仍在以每年 2000 个的速度鉴定新的植物物种，未知的植物入侵者可能随时出来捣乱。而且，我们还需要回答一个老问题：究竟是什么原因，使得远离原生栖息地的一些植物仍然可以保持勃勃生机？这一难题，早在 1844 年即令查尔斯·达尔文困惑不解：“有很多植物似乎在任何地方都能茂盛生长，而另外很多植物，似乎只能在它们的原生地生长。”研究为阿森松岛注入鲜活生机的生态平衡系统，或许能为我们提供有价值的信息，有助于解决将来发生的外来物种入侵的问题。

杰出的瑞典分类学家卡尔·林奈的标志植物“林奈花”，原名“双生花”。林奈曾提倡种植“双生花”以取代昂贵的中国茶叶。他的儿子说这种植物的叶子味道很糟糕

邱园赫赫有名的老苏铁，它由弗朗西斯·马松从南非采集，1775年起在邱园落户，很可能是世界上最高寿的盆栽植物

蝴蝶亚仙人掌（*Stapelia gordornii*），摘自弗朗西斯・马松的《犀角属新植物》，1796年

由林奈命名的丝滑紫茎（*Stewartia malacodendron*），著名艺术家格奥尔格·狄奥尼索斯·埃雷特绘图

约瑟夫·胡克爵士在伦敦家中的标本馆，弗朗西斯·布特（Francis Boott）绘于1820年

林奈学会图书馆中用来摆放藏品和标本的红木书架和抽屉

重瓣黄木香（左图）和虎皮百合（右图），最早由约瑟夫·胡克爵士派出的年轻搜集者威廉·克尔在中国采集

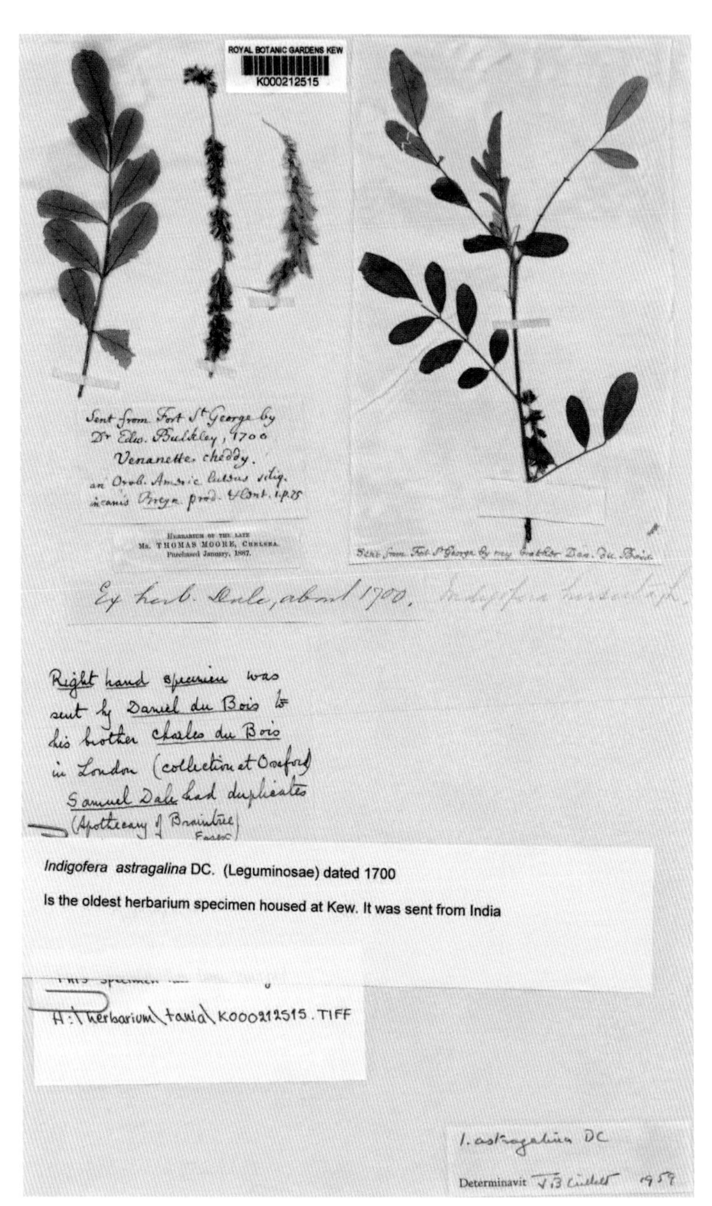

邱园标本馆有750万件干燥植物标本。这是最早的一张标本卡，制作于1770年，原为戴尔标本馆收藏。卡上的植物为丝毛木蓝（*Indigofera astragalina*），原产于印度。和其他许多标本一样，上面有不同时间陆续添加的说明

在泰国发现的一个新物种，2013 年命名为卡威萨克龙血树（*Dracaena kaweesakii*）。标本卡的内容包括植物的形态、发现时间、发现地点、发现者姓名、当地俗称等

DNA 分析令人惊讶地揭示了植物之间的关系：世界上最小的花一品红（上图）同世界上最大的花大王花（下图）是近缘植物。一品红的红色巨大“花瓣”实际上是它的黄色小花的苞叶

威廉·科伦索贡献给邱园6000件新西兰植物标本，包括毛利人的一些器物，这是一个展示纹面图案的葫芦瓶

威廉·科伦索为邱园搜集的新西兰麻，毛利人称之为“哈拉克克”，是当地的一种经济支柱作物，用于织布和编织器具

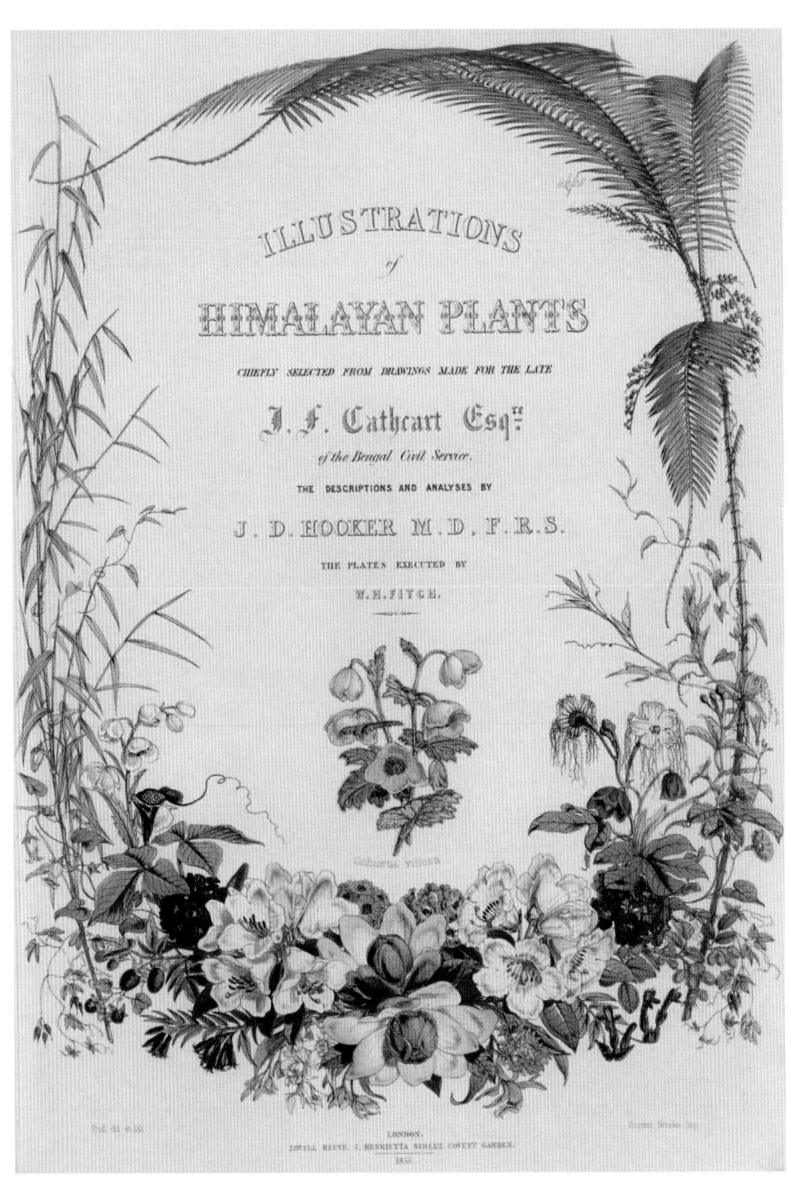
ILLUSTRATIONS
of
HIMALAYAN PLANTS
CHIEFLY SELECTED FROM DRAWINGS MADE FOR THE LATE
J. F. Cathcart Esq.re
of the Bengal Civil Service.
THE DESCRIPTIONS AND ANALYSES BY
J. D. HOOKER M.D. F.R.S.
THE PLATES EXECUTED BY
W. H. FITCH.
LONDON:

在威廉·胡克主持邱园期间，他的儿子约瑟夫多次参加远洋探险，首先到澳大利亚和新西兰，然后到印度。他根据发现撰写了《南极洲植物志》(*Flora of Antarctica*)和《锡金-喜马拉雅山地区的杜鹃花属植物》，书中丰富精美的插图由他的长期合作伙伴、植物艺术画家沃尔特·胡德·菲奇绘制

左图为盖裂木（*Magnolia hodgsonii*），摘自约瑟夫·胡克的《喜马拉雅山植物图解》（*Illustrations of Himalayan plants*）；右图为来自新西兰的坎贝尔岛胡萝卜（*Anisotome latifolia*），摘自约瑟夫·胡克的《南极洲植物志》

普鲁士博物学家亚历山大·冯·洪堡在南美洲花了五年时间测量了气温随海拔高度而变化的模式，绘制出了几张最早显示植物分布范围的地图

罗伯特·尚伯克 1837 年在英属圭亚那的伯比斯河上发现了这种巨大华贵的水莲花。约翰·林德利将之命名为“维多利亚王莲”，后更名为“亚马孙王莲”

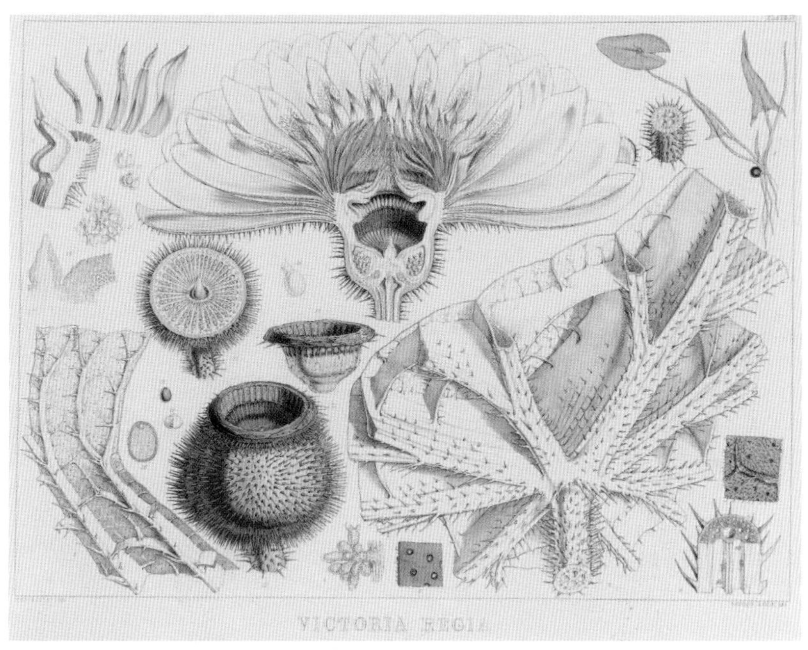

沃尔特·胡德·菲奇绘制的亚马孙王莲。图中包括巨大叶片的背面，显示了从中心向外延伸的悬臂和肋条，这种结构极大地增强了叶片的承重力。约瑟夫·帕克斯顿从中获得灵感，采用这种结构设计了植物温室以及 1851 年举办世界博览会的水晶宫

在野外，王莲的花朵是由甲虫授粉的。花瓣开启诱引甲虫时呈白色；授粉完毕，重新开启花瓣让甲虫飞出后，花朵就变成了粉红色

兰花狂热：1787 年，邱园的植物学家第一次成功诱使热带的章鱼兰在英国开花。于是，英国所有的植物爱好者都热切地希望拥有这种植物

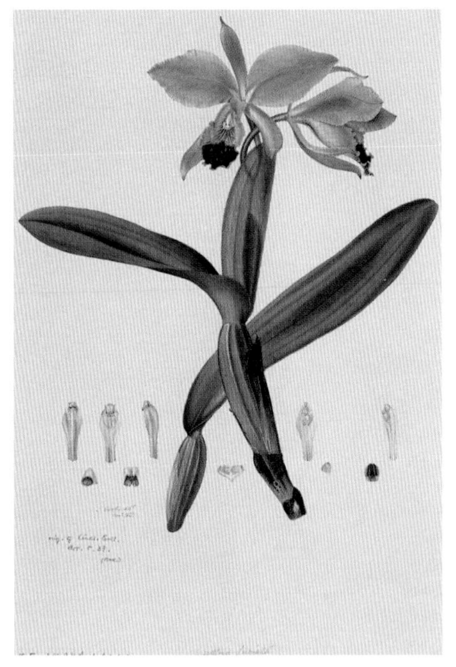

在“兰花狂热”时期，来自巴西的红唇卡特兰最受追捧

斯金纳利兰，摘自詹姆斯·贝特曼的《墨西哥和危地马拉的兰科植物》

詹姆斯·贝特曼寄给查尔斯·达尔文一株大彗星兰的标本，其蜜腺达一英尺长。达尔文推测必定有一种蛾的口器能达到同样长度。直到 1992 年才有人拍摄到这种蛾，并生动记录了它从这种兰花取食并授粉的过程

阿利斯特・克拉克运用植物杂交和早期遗传学知识，通过巨花蔷薇培育出了一些能够承受澳大利亚酷夏的玫瑰品种

格雷戈尔・孟德尔观察了豌豆的各种性状，包括花朵、豆粒和豆荚颜色，详细记录了植物杂交的实验过程和结果。他为人类理解遗传问题做出了杰出的贡献

第 10 章

遗传奥秘：菜园里的豌豆

格雷戈尔·孟德尔

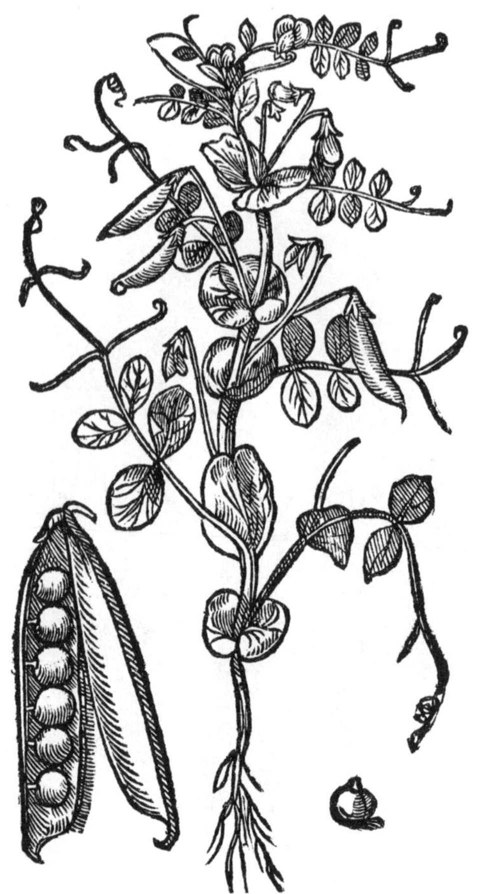

豌豆植株，摘自约翰·杰勒德《草药或植物通史》，1633 年

格雷戈尔·孟德尔天生聪慧，他最初的职业是园丁，在奥古斯丁修道院修身的同时接受了教师训练，最终在包括天文和气象等多个科学领域做出了贡献。然而，他真正的专业兴趣是植物学，由于在花园里埋头钻研豌豆植物，他今天被尊为揭开大自然的遗传基本原理之谜的巨匠，他的开创性工作为现代遗传学的研究铺平了道路。然而，孟德尔的名字没有被遗忘只是出于某种运气，否则，他很可能成为一个永远被历史埋没的伟大科学家。

孟德尔选择科学这个职业，不得不付出超常的努力，因为他面临着两个敌人：缺乏时间和缺乏金钱。他最初试图当教师谋生，却碰了壁，原因是未能通过资格考试。他的最重要的植物学论文，最终将被认为是极其杰出的成就，却只发表在一家不知名的小杂志上，未能引起世人的注意，发表后的 35 年间仅被引用了三次。达尔文甚至不知道这篇论文的存在。然而，当孟德尔的学说最终重见天日时，它引发了一场激烈的辩论。孟德尔的理论被不断地测试、完善和发展，直至成为一个用途极广的重要工具，从烤面包到控制疾病。这位本来可能永远默默无闻的科学家，几乎在一夜之间就成了现代遗传学之父。

正如许多标志性人物一样，今天世人心目中的孟德尔，部分是凡夫俗子，部分是神话人物。我们可以想象这样一个场景：在奥地利修道院的花园里，一个毫不起眼的、未受过良好教育的僧侣，日复一日地、全神贯注地观察着他所种植的豌豆，直到晚祷钟声召唤他去祈祷。这个画面是可信的，但只能说在一定程度上是真实的。孟德尔既不是奥地利人，也不是僧侣，甚至他的真名也不叫格雷戈尔。

1822 年，孟德尔出生于一个德国家庭，地点在今天的捷克境内，当时是奥匈帝国的一部分。他在一个农场里长大，年轻时当过园丁，也养过蜜蜂。像那个时期的一些先驱思想家和作家一样，他在童年时遭受了疾病折磨，未能长期接受正规教育，有一次休学了整整一年。不过，他在 1840 年进入了奥洛莫乌茨大学（University of Olomouc）。尽管受到抑郁症的困扰，他的数学和物理成绩优异，三年就获得了毕业证书。

19 世纪时，在人类智慧的两大支柱——科学和宗教——之间，创造性的张力非常强劲。当时的许多领军人物都在这两个领域有智识根基，譬如达尔文，便是一位训练有素的英国圣公会牧师。虽然我们对孟德尔的信仰情况知之甚少，但它似乎同孟德尔自创的科学之间是一种开明和具有前瞻性的共生互利关系。孟德尔的物理老师弗里德里希·弗朗茨（Friedrich Franz）建议他遵循奥古斯丁派的职业路线来做生涯规划，因而，孟德尔进入了圣托马斯修道院（Abbey of St. Thomas），教名为格雷戈尔。修士（friar）不同于僧侣（monk），他们在社区里生活和工作，而不是隐居在修道院里。修道院分配给孟德尔一份恰当的工作——中学教师，可是他没能通过三项考试中的最后一项口试，因而未能取得教师资格证书。1851 年，修道院的院长纳普（C. F. Napp）将他送到维也纳大学，师从克里斯蒂安·多普勒（Christian Doppler）研习物理学。多普勒是“多普勒效应”的发现者，该理论可用于解释为什么救护车飞驰而过时警笛的音调会发生变化，以及银河系有多大。两年后，孟德尔回到修道院，打算教授物理，但他的口试仍未过关。从口试屡次失利这件事，我们似乎可以窥见一个聪明绝顶的科学头脑却受困于语言能力的低下。不管怎么说，孟德尔在1867年还是找到了当中学老师的工作，最后，他成功地继承了纳普的职位，成为圣托马斯修道院的院长。

尽管孟德尔最初默默无闻，但他的故事是一个很典型的例子—— 一种科学创见同一个人的名字紧紧地联系在了一起。这种创见实际上是一些志趣相近的人合力开拓的结果。当孟德尔在奥洛莫乌茨大学念书时，约翰·卡尔·内斯特（Johann Karl Nestler）是博物学兼农业学院的院长，他参与了一系列有关植物和动物的遗传性状的重要实验。在内斯特的引导下，孟德尔开始对身体和行为特征是如何遗传的产生了兴趣，他每日诵读的诗句之一是：“代代相传”。除了受到内斯特和弗朗茨这两位导师的启示和影响之外，孟德尔也从圣托马斯修道院的同事中获得了相当多的鼓励和帮助。

从大学回到修道院后，孟德尔便着手进行蜜蜂和小老鼠的实验。出于不同的原因，这两项实验都陷入了困境：前者是由于杂交的蜂群变成了邪恶的乱党，最后不得不把它们全部消灭；后者是由于当时的主教反对下属研究啮齿类动物的性生活。于是，孟德尔将他的研究对象转向了豌豆。

首先，他认真观察了豌豆植物的各种性状，包括高度、种子的平滑度和颜色，然后，他对具不同特征的豌豆进行异花授粉，详细地记录每株豌豆的哪些特征会遗传下来，以及怎样遗传。例如，他将绿色豌豆同黄色豌豆杂交，然后多次复制实验，以消除由于偶然因素而产生的结果。他栽培的第一代杂交种开花后，结出的每粒豌豆都是黄色的。孟德尔的结论是，必定有三种豌豆类型：纯黄色品种、纯绿色品种和黄绿两色的混合品种。（第三种对杂交者来说比较复杂，不易厘清关系。）混合品种即使生出的是黄色豌豆，仍有可能在下一代生出绿色豌豆。孟德尔用“显性”和“隐性”的概念来解释父母的特征是如何传递的。一个植物分别从其父本和母本身上继承每种特征的一个基因，总共两个基因。如果一个是显性的，另一个是隐性的，那么，在新生植物身上，便只有显性基因的特征会表现出来，譬如花瓣的颜色。1866 年，孟德尔就此发表了一篇文章，题为《植物杂交实验》，从此建立了遗传定律。

从表面上看，孟德尔的实验所表明的似乎是植物育种家几十年来已经明了的事实：抛开数学不论，绝大多数杂交植物都会返回其“父母”的形式。但是，孟德尔第一次系统地论证了这个问题。由于孟德尔的努力，科学从此确立了研究杂交的数学模型，尽管仍然不清楚其产生的渊源。孟德尔揭示了发生的过程，但无法解释其原因。

孟德尔被提拔为修道院院长之后，他的科学研究在很大程度上就中止了，因为他把全部时间都用在了管理行政事务和调解人事纠纷方面。由于修道院的税务问题，他还卷入了同当地政府之间的一场不光彩的纠纷。孟德尔去世后，继任者为了给前任画上一个句号，烧毁了他留下的所有文件，包括科学方面的和行政方面的。

然而，孟德尔并没有悄然无声地离开人世。作为修道院院长，他在当地是一位有身份的人，年轻的捷克民族作曲家利奥斯·简纳克（Leos Janáček）在他的隆重葬礼上演奏了风琴。孟德尔还有一些科学论述在当时广为人知，不过并不是关于遗传方面的。他曾在1865年创立了奥地利气象学会，他正式发表的大部分文章都是有关气候研究的。关于绿色和黄色豌豆的论文没有引起人们的注意。直到他去世十六年之后，距论文发表已经过去了三十四年，情况才发生了变化。1900年的春夏之际，《德国植物学会会刊》（*Proceedings of the German Botanical Society*）刊登了几篇文章，三位互不相识的植物学家雨果·德·弗里斯（Hugo de Vries）、卡尔·科伦斯（Carl Correns）和埃里克·冯·切尔马克（Erich von Tschermak），分别独立地重新发现了孟德尔在几十年前确立的遗传法则。孟德尔在1866年发表的论文基本上无人问津，如今这三位植物学家的论文却引起了极大的关注。他们不仅挽救了被遗忘的孟

捷克布尔诺圣托马斯修道院图书馆的藏书，展出于孟德尔博物馆

德尔，而且开启了一门学科，它不久就被命名为“遗传学”。属于基因的世纪就此诞生了。

到了这个时候，生物学发生了很大的变化，孟德尔当年的研究显得格外重要。孟德尔解答了发生的事实，但没有揭示事实是如何发生的；描述了遗传的效应，但没找到导致这些效应的原因。20世纪初的几十年中，科学界对细胞和染色体（细胞中存在的携带基因或遗传信息的结构）有了更深刻的理解，从而给孟德尔的学说提供了一个物质解释。

在孟德尔之前，有关遗传问题，最为科学界所接受的观点是“融合遗传”（blending inheritance），即从父母那里继承的特点将在后代身上混合地表现出来。但是，依照达尔文的进化理论，物种需要有变化，方能体现自然选择的作用；并且，也需要某些机制，通过它们，新的、不寻常的和有益的性状得以在野生种群里持续下去。怀疑论者讥笑说，假如在下一次杂交之后，新的、有益的性状简单地被冲淡了，恢复为大群体的“平均”特征（几代“融合”之后的逻辑结果），那么，新品种和物种便永远不可能进化，从而说明达尔文主义是错误的。进化需要一种不同的遗传模式。这就是著名的“颗粒遗传”（particulate inheritance）理论。

在德·弗里斯、科伦斯和冯·切尔马克看来，孟德尔的研究结果解决了几个问题。首先，它证实了父本和母本是同等地将特征遗传给后代的。（我们现在觉得这是理所当然的，但在孟德尔之前从未被证明过。这是一个很值得注意的事实。）其次，它解释了父母是如何将各自的特征传递给后代的。

有一个问题一直令达尔文和德·弗里斯困惑不解：一个新进化的性状是怎样遗传给后代，而不被群体中更为普遍的“平均”性状埋没的呢？孟德尔巧妙地破解了这个难题：它通过的是颗粒遗传，而非融合遗传。显性基因和隐性基因的概念则具有杰出科学洞见的特点：既美丽又简单。真理一旦被发掘出来，就成为解决各种问题的钥匙，包括如何养活不断增长的人口，如何筛查遗传性疾病，等等。

雨果·德·弗里斯对遗传学做出了很大贡献，他认识而且很喜欢达尔文。他有一次访问英国，先是参观了邱园，并和约瑟夫·胡克一起吃了顿晚饭，但感到跟胡克有点儿话不投机。然后，他会见了达尔文，两人花了一整天的时间探讨共同感兴趣的话题，这给了他足够的机会近距离地观察这位老科学家：

> 达尔文目光深邃，眉毛飞扬，给人的印象远甚于他的肖像画。他身材瘦高，手也很瘦，步履缓慢，拄着一根手杖，并不时地停下步来。他小心地照顾着自己的身体，甚至害怕吹穿堂风。他说话生动、愉快、和蔼，不太快，很清晰。跟这样亲切友善的人相处，很快就令人产生一种非常自在的感觉。达尔文跟胡克和戴尔大不一样。他们是冷漠的，我对他们没兴趣。但我很喜欢拜访达尔文，我觉得这些天过得很开心。有人对你感兴趣，关心你的研究和发现，这是令人高兴的。

德·弗里斯后来做的工作，在达尔文未臻完善的理论与孟德尔被忽视的成果之间，搭起了一座桥梁。

另一个极力推崇孟德尔研究成果的人是著名生物学家威廉·贝特森（William Bateson）。故事是这样的：贝特森去伦敦的英国皇家园艺学会发表演讲，在途中的火车上读到了孟德尔的论文，立即意识到它同自己的想法是不谋而合的。于是，他大幅度地修改了自己的演讲稿。事实上，根据演讲的时间（1900 年 5 月 8 日）来推断，他很可能是在火车上先读到了德·弗里斯的文章，之后才检索到孟德尔的论文。

在贝特森看来，孟德尔学说给当时有关遗传和环境问题的争论提供了答案。贝特森认为，性状的变化不是达尔文所说的逐渐演变，而是一代到下一代之间的跳跃性突变，即所谓不连续的变化。孟德尔强调清晰鲜明、非此即彼的“单一”性状——绿色或黄色，浑圆的或起皱的——这同贝特森的不连续变化的想法一致。生命或许仍是一场碰运气的游戏，但是，现在的游戏规则成了一门精确的科学。

贝特森成为孟德尔学说的极有力的鼓吹者之一。他是一名天生的宣传家，擅长与人沟通。譬如他讲的在火车上“惊喜地发现”孟德尔论文的生动故事，颇能吸引听众。植物育种家们也很快看到了孟德尔理论的经济潜力：假如作物在繁衍过程中保存最优特征靠的是科学而不是运气的话，那么，这一理论就可以成为实现产量最大化，亦即利润最大化的强有力工具。

当贝特森致力于传播孟德尔的学说时，剑桥大学的农业植物学教授罗兰·比芬（Roland Biffen）首次将之付诸了实践。比芬认为，如果英国农民能获得新的、更强壮的小麦品种，便可以抵御来自美国和加拿大的所谓“谷物侵略”。通过研究小麦抗病性的模式，比芬注意到，患病植株和抗病植株的分布同孟德尔遗传学说的经典模式非常接近。他相信，利用这种遗传定律，可以将美国小麦的“优点”转移到英国小麦身上，可以复制这种模式。他开始采用从世界各地搜集来的小麦和大麦进行杂交试验。试验取得了成功。由于比芬的努力，粮食作物不再那么容易得病，小麦的产量更高，所获利润也就更丰厚了。

今天，杂交仍然是园丁、实业家、农民和决策者的一个利

研究小麦基因的先驱罗兰·比芬，摄于 1926 年

器。它有助于解决各式各样的问题，如增强耐盐碱性、增强抗病性、控制开花期、提高果树产量等。这里仅举一个例子：在气候炎热干燥的澳大利亚怎么种植玫瑰呢？阿利斯特·克拉克（Alister Clark）培育出了一些能够承受澳大利亚酷暑的玫瑰品种。邱园的园艺主任理查德·巴利描述说，当他还是小孩的时候，就曾在澳大利亚和新西兰见到过克拉克培育出的成果："他选用巨花蔷薇（*Rosa gigantea*）等品种，培育出了二三十种美丽动人的玫瑰新品种，全部以友人妻子的名字命名，其中一种叫'马乔里·帕尔默'（Marjory Palmer）。我们家的院子里就有一株，生长在邮箱的旁边；它看上去仿佛是末日小说里的巨型三裂植物（triffid）一样，上面布满了尖刺。"

遗传学的发展使人们有可能控制、操纵，甚至设计植物（后来亦包括动物）。考察植物已经从消闲解闷的事儿变成一门科学。从通过杂交引入遗传特征再往前走一步，便是在实验室里进行人工改造，这种过程被称为基因改造或转基因（genetic modification，缩写为 GM），在当时有些人看来（现在仍然如此），人类这一步走得太远。绕开了大自然本身的缓慢、可靠的优胜劣汰机制，是否会带来潜在的危险呢？我们代替大自然来行事的效果肯定更好吗？“基因世纪”面临着诸多的挑战。

第 11 章

光合作用：空气和阳光

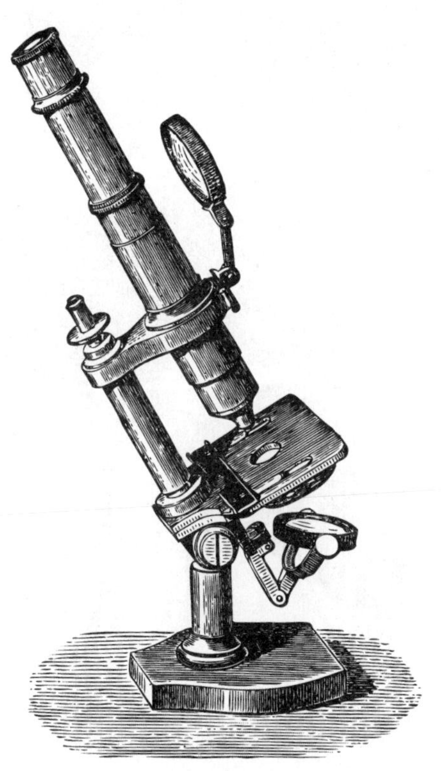

显微镜，1889 年版画

BETULA populifolia.

White Birch.

桦树叶

为什么树木会向上生长？

有些树木简直高耸入云。在邱园的一个角落里，靠近据称是世界上最大的有机肥堆，有一条气势壮观且令人眩晕的树梢漫步道。沿着楼梯上到顶层，一张巨型蜘蛛网出现在眼前，它是用红锈色的金属网和钢柱编织起来的，象征着果实成熟的秋天。脚下是茂密的甜栗子、酸橙和栎树林，你顿时发现自己置身于邱园最美丽的树冠之上了。

这些树木在辛勤地工作。它们怀着“感恩”之心，展开枝叶，直接从太阳那里吸收能量，那是地球上所有生命的终极能源。但植物究竟是怎样做到这一点的呢？科学家们直到最近才找到答案。原来，导致树木长高和赋予它们绿色的是同一种东西。

这个关键的生物分子叫作叶绿素（chlorophyll），它能让植物吸收光能，同时也使植物呈现绿色。“chlorophyll”这个术语约产生于1810年，源自两个词根：“chloros”（意为浅绿色）和“phyllon”（意为叶子）。一个世纪之后，由于成功地揭示了叶绿素的作用及其机理，里夏德·维威尔施泰特（Richard Willstätter）在1915年成为第一个获得诺贝尔奖的植物学家。

植物既从上面即空中汲取养分，也从下面，即通过根部吸收土壤里的营养物质和水分。食物的生成是通过叶子的工作实现的，具体来说即是利用太阳光的能量，从空气中吸收水和二氧化碳，然后转化成葡萄糖和淀粉，并且将废物性的副产品——氧气——释放到大气中去。这个生化过程被称为“光合作用”。

这是一个简单却极为重要的过程，是地球上的生命链中必不可少的一环。揭开光合作用的奥秘有助于解答科学上的很多疑问，例如，我们周围的空气是由什么组成的？植物如何养活自己，乃至最终供养地球上包括人类在内的所有生命？光合作用理论也为20世纪的植物化学奠定了基础。

早在古希腊，人们即知道植物从土壤中吸取养分。正像其他许多真知灼见一样，在欧洲文艺复兴时期，这些古典思想被重新传承，发扬光大。17世纪时，约翰·雷提出了一个问题：植物是怎样对抗地心引力，将水分往上输送的呢？经过反复琢磨，他提出了毛细管作用理论的一个早期雏形。另一位博物学家，名叫史蒂芬·黑尔斯（Stephen Hales），他的日常工作是在英国的特丁顿（Teddington）教区担任牧师，用业余时间钻研植物。他认为，树木的汁液类似于动物身体里的血液；据此设计了相关实验进行研究。最重要的是，黑尔斯越来越对植物如何利用水分感兴趣，他第一次对叶片蒸发的水分做出了实际测量，这对于揭示植物吸收养分的机制是一个关键。

此时，好比苗圃盆栽棚里的土壤准备就绪，只待一位园艺师来大显身手。一位巨匠应运而生，他就是约瑟夫·普里斯特利（Joseph Priestley）。

普里斯特利是独特的英国式思想家和梦想家的典范，是那个时代的产物。他集宗教狂热、政治激进主义和启蒙哲学理念于一身，加上乖戾反常的个性和博古通今的智力，是个令人眼花缭乱的人物。他的著述广博，内容包括语法、电学、实用主义哲学和一神论神学。普里斯特利也是法国大革命的热忱支持者，当他的私宅被愤怒的暴民烧毁之后，他先逃到伦敦，最后定居美国宾夕法尼亚州的乡下，在那里继续推行他所信奉的理念，创建了一个献身上帝和真理的新社区。

正如我们已经了解到的，历史上的许多科学开拓者都是神职人员。普里斯特利是一个异教派（非英国国教会）的牧师。他在15岁左右罹患重病，几乎丧命。这场大病给他留下了永久性的口吃缺陷，也使他形成了对宗教信仰和教义探索的全心迷恋。他从小和姑姑住在一起，姑姑一直有意让他去当牧师（他4岁时即可以背出《教义问答手册》中的全部107个问答）。尽管疾病迫使他中断了学业，但他一直通过大量阅读来学习各种可能获取的知识，包括哲学、形而上学和多种语言（法语、意大利语、德语、迦勒底语、叙利亚语和阿拉伯语）。

普里斯特利对植物学的主要贡献是，他悟出了我们周围的空气是由不同的“气”组成的。他认为这些“气”是同一种东西的可变化形态，而不是截然不同的气体。根据这一推想，他做了一系列实验，试图搞清楚这些“气”是如何存在，以及何时存在并相互作用的。这一研究是对植物的化学和生物过程的重要洞察。

他的分类系统描述了一些不同类型的气，其中最著名的就是“脱燃素气”，后被称为氧气。普里斯特利证明，这种空气可供动物（诸如老鼠）呼吸，而“受损的”空气，比如燃烧的空气，则不能供动物呼吸。他还指出，植物的叶子可以帮助“受损的”空气清除有害的“燃素”，使之复原为健康的空气。他是用薄荷叶做的这项实验。

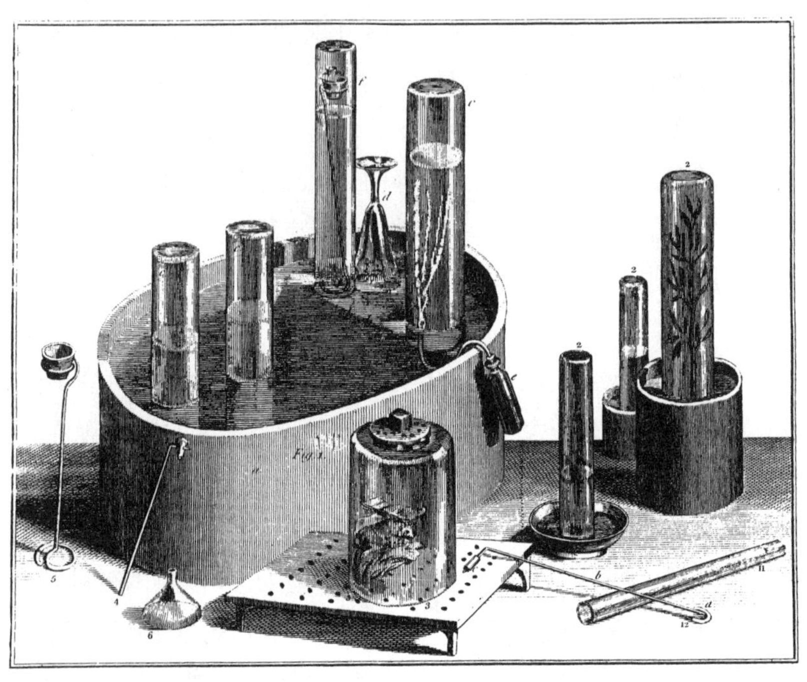

实验仪器，摘自约瑟夫·普里斯特利的《对不同气体的实验和观察》，1774—1777年

科学上的突破往往是一个累积的过程，其他一些科学家延续和扩展了普里斯特利的工作。法国人安托万·拉瓦锡（Antoine Lavoisier）的研究证明，普里斯特利发现的“脱燃素气”事实上不是去除了某些成分的空气，而是一种单独的元素，他命名为“氧气”。这标志着人类在对化学的理解方面迈出了革命性的一步。荷兰的扬·英根豪斯（Jan Ingenhousz）在布雷达（Breda）通过“蔬菜实验”，进一步揭示了植物和空气之间的紧密关系，包括观察到植物只在白天呼吸，而且只有绿色的部分呼吸。最后，瑞士化学家尼古拉-泰奥多尔·德·索绪尔（Nicolas-Théodore de Saussure）精确地测量了水、空气和养分对植物的影响。

于是，科学清楚地解答了“为什么植物会向上生长”的问题。该理论能够用实验反复地证明。

借助于显微镜技术的发展以及对细胞的理解，20 世纪的实验者们得以详细地研究植物的内部结构。尤利乌斯·冯·萨克斯（Julius von Sachs）观察了细胞内的绿色结构，称之为叶绿体。为叶绿体添加颜色的色素——叶绿素，在 1817 年首次被分离出来。1862 年，萨克斯的研究表明，叶绿素在细胞内参与制造植物用作养料的小淀粉粒。这些淀粉粒不仅是必需的，而且无法从其他任何地方产生。通过这些研究，这一制造过程的重要性连同其机理变得日益清晰：植物从哪里吸收水分和空气，如何吸收；水分和空气被用在哪里，目的是什么。

萨克斯撰写的《植物学教科书：形态学和生理学》（*Text-Book of Botany: Morphological and Physiological*）是一部开拓性的著作，当时邱园的副园长威廉·西塞尔顿－戴尔在 1875 年将它从德文译成了英文。书中有一道著名的公式，被一代又一代的学生熟记于心：

二氧化碳＋水（＋光能）＝葡萄糖＋氧气

20 多年后，1897 年，在大西洋彼岸的美国，一对植物学家夫妇，名叫查尔斯·巴恩斯（Charles Barnes）和康韦·麦克米伦（Conway MacMillan），给这一过程起了个名字——光合作用。

进入 20 世纪后，科学家们开始采用一些新技术。罗宾·希尔（Robin Hill）早期做的研究是从血液中提取血红蛋白，在原子和电子的水平上来研究植物色素。梅尔文·卡尔文（Melvin Calvin）考察了在没有光源的情况下，植物如何储存和利用光能，他发明了术语“卡尔文－本松循环”(Calvin-Benson cycle)，用于描述植物如何制造必需的和复杂的分子，如纤维素和氨基酸。

随后的研究发现，在不同环境中的植物采用的光合途径是不同的。大多数植物采用“C3”光合途径；而在炎热干燥的环境（如大草原）中的植物则选择“C4”或“CAM”（景天酸代谢）光合途径。

称为“C4”是因为这种光合作用的最初产物含有四个碳原子，而不是通常的三个碳原子，它可以更有效地利用二氧化碳，更重要的是有效地利用水，这对于生长在炎热干燥环境中的植物是一个优势。许多生长在半干旱半湿润气候下的草原植物都是通过“C4”光合途径。同时，一些重要的粮食作物，如玉米和甘蔗，也采取这种途径。

与此相反，菠萝，以及一些生长在极端干旱环境中的植物（如仙人掌），利用“CAM”机理进行光合作用。这类植物在夜间从大气中吸收二氧化碳。这是因为在极端高温和干旱的地区，植物叶片的毛孔在白天是关闭的，以避免因蒸发而丧失大量水分的风险，到了较凉爽的夜间方才打开。

夜间吸收二氧化碳的过程导致生成了具有四个碳原子的有机分子。这种四碳分子被储存在能进行光合作用的细胞之中。在白天，这些分子会释放出储存的二氧化碳，这些二氧化碳被进行光合作用的叶绿体吸收。因此，这类“CAM”植物在不同的时间分别获取二氧化碳和阳光，而不是像其他大多数植物那样同时获取。这意味着它们必须开发一种储存二氧化碳的方法，等待到太阳升起，才能开始用它来制造食物。

像通常一样，科学界杰出的思想家和实验家们唯恐动摇了自己最心爱的理论，他们有时并肩合作，但更多时候是相互竞争。

生活在极端干旱环境中的植物在夜间吸收二氧化碳，例如美国亚利桑那州的巨掌仙人掌（saguaro cactus）

经过了好几代，人们才搞清楚光合作用的机理，以及它在维系生命的过程中所起的关键作用。所有的生物都弹着一个相同的乐调，共同演奏整个地球的生命交响曲。每天，植物都在为我们的大气进行排毒、清洗和消炎，并且永无休止地补充新鲜的氧气。下一次，当你在邱园的树梢漫步道悠闲地行走时，你将会留意到树木在辛勤地工作。

第 12 章
多重基因：美味的香蕉

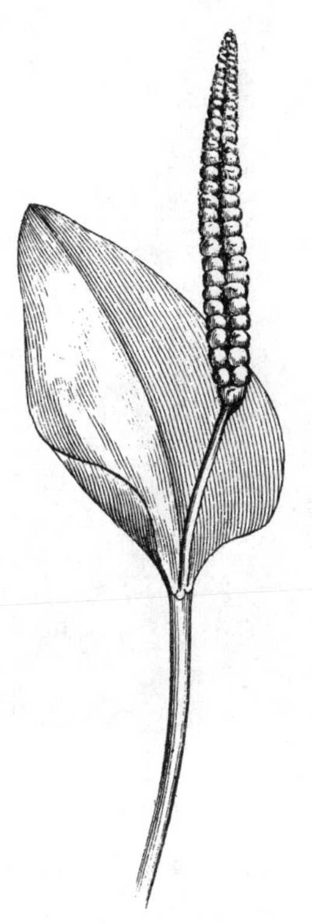

瓶尔小草，一种破纪录的多倍体植物，拥有96套染色体

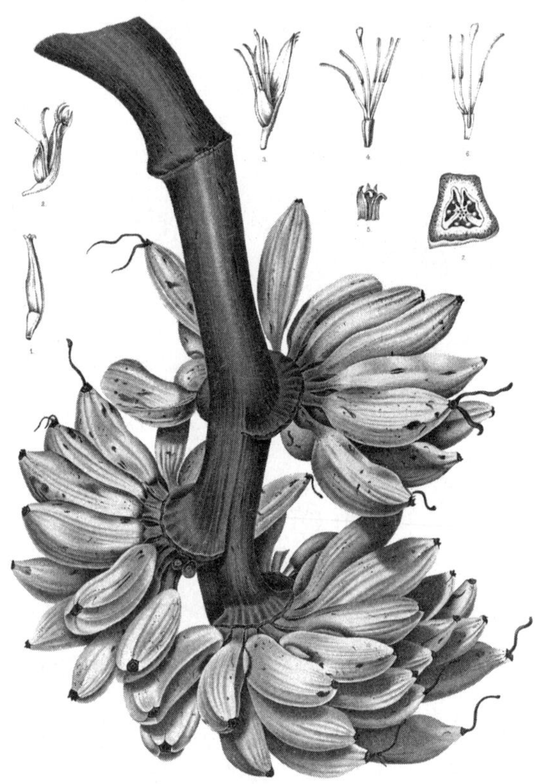

香蕉，一种多倍体植物，达尔文很喜欢其果实的味道

约瑟夫·胡克曾将邱园温室培植的一些香蕉送给查尔斯·达尔文品尝。“你不仅让我开心，而且助我开胃，”这位伟人回复说，“香蕉实在太美味了，我从未见过这样诱人的植物。”吉姆·恩德斯比透露了达尔文感到高兴的真实原因：“医生禁止他吃糖。”所以，胡克送水果给爱吃甜食的朋友，既保健又解馋，是做了一件双倍善事。

香蕉在当时是一种奇异珍稀的植物。人们很喜欢这种带有蜂蜜气味的果实，园艺家受到鼓舞，便开始培育香蕉树。可是，他们发现，香蕉只能通过剪枝扦插来繁殖，基本上就是复制。这意味着后代植物与前代的基因完全相同，因而很容易受到病虫害的袭击，这一难题给科学界带来了挑战。大量栽培的种群如何能够保持永续？其生存的潜在威胁是什么？

香蕉现在是世界上极受人们欢迎的水果。种植香蕉的实践，使人类对植物数百万年进化的一个关键过程有了更深刻的理解。这一过程，至少在刚开始，似乎是一个奇怪的现象。它的名称也很奇特，叫作“多倍体”（polyploidy）。然而，理解多倍体现象是植物学家开发新方法来培育和保护全球的重要作物的基础。这些重要作物包括小麦、棉花、马铃薯和甘蔗等。

“多倍体”这个词的意思是“很多形式”，指的是植物的细胞内可包含多套染色体的一种现象（染色体是由DNA组成的结构，携带遗传信息）。这是繁殖过程中出现的一种有益的异象。在通常情况下，植物的生殖细胞（卵子和花粉）在繁殖中经历一个被称为减数分裂的过程，每个细胞的染色体数目减半，从二（二倍体）变为一（单倍体）。当这些细胞在受精过程中结合在一起，便创造出一个新的植物，其染色体恢复为原来的数目，也就是1＋1＝2。

当这个过程采取了一条不同的路径，就会获得多倍体。有时候，植物的生殖细胞不仅有一组染色体，也混进了双组染色体。这源于减数分裂的失败。如果一个二倍体细胞与单倍体细胞结合，生出的植物就会有三组染色体（2＋1）而不是两组（1＋1），由此创造出一个三倍体植物。三倍体植物包括某些苹果品种，以及全球主要的商售香蕉品种。

同样，如果结合的植物细胞都是二倍体，那么很简单，2+2=4，其后代植物的每个细胞中便有四组染色体，称为四倍体。拥有四组染色体的植物跟一个二倍体的植物杂交，可培育出拥有六组染色体的植物，面包小麦即是这类植物中的一种，称为六倍体。还有的植物细胞中含有十组染色体（十倍体），某些草莓品种即属于这类植物。

迄今已知的倍数最高的开花植物是一种原产墨西哥的景天属（*Sedum*）植物，它的每个细胞中有八十组染色体；而一种瓶尔小草属（*Ophioglossum*）植物是整个植物王国的纪录保持者，它拥有九十六倍体。邱园的植物遗传学家伊利亚·利奇（Ilia Leitch）说：“植物的多倍体是非常独特的，相比之下，哺乳动物都是二倍体。”

哺乳动物应该算是运气很好。三倍体植株不能进行有性繁殖

(但可通过克隆进行无性繁殖)；任何奇数染色体组的植物都不能实现有性繁殖。这是因为在减数分裂过程中，不能将奇数染色体组一分为二，产生可育的生殖细胞。这就是为什么当你剥开一只香蕉，不会发现里面有任何种子，跟它几千年前的原始祖先一模一样。这也就解释了为什么种植者不得不走无性繁殖的路径，用嫁接法来繁殖香蕉和其他的三倍体植物。

不过，多倍体现象也为某些无性繁殖的品种提供了一条出路，让它们走出不育的死胡同。比如新一轮的多倍体活动进一步让染色体数目翻番，就会得到一个带偶数染色体的（如3+3=6）新杂交品种。这种新杂交体将能够进行正常的减数分裂和有性繁殖。事实证明，多倍体的这种行为为不育杂交植物找到一条繁殖途径的能力，对玉米等主要农作物来说是至关重要的。

多倍体植物，不像科学怪人弗兰肯斯坦（Frankenstein）那样只能躲在世界的一角，它可以广泛传播，大面积生长。植物学家相信，在某种意义上，这是其进化的法宝。邱园的科学家们努力发现和分析多倍体提供的某些益处，在这方面做出了很大贡献。包括多倍体对植物生长速度和高度、果实大小的影响，以及增强植物的土质耐受性、耐干旱和抗病虫害的能力等。

多倍体研究始于1890年，当时，荷兰的植物生物学家和孟德尔的支持者雨果·德·弗里斯发现了一小丛有趣的拉马克月见草(*Oenothera lamarckiana*)，它溜出了主人的花园，在荷兰小城希尔弗瑟姆（Hilversum）附近的一片废弃的马铃薯地里扎下了根。首先，它的个头变化很大，这使得它不易被忽略，据德·弗里斯说，这丛植物老远就吸引了他的目光。对于德·弗里斯来说，这一偶然发现正是他在寻找的达尔文理论有误的证据。德·弗里斯认为重大的演变是可以在短时间内由突变而实现的。他不接受达尔文的如下观点：“进化是在漫长的时间过程之中，通过微小变异的自然选择逐渐发生的。”

德·弗里斯从希尔弗瑟姆采集了这种植物的种子，发现它们产生了跟母本截然不同的进一步变异，他称这种过程是“自发突变”（spontaneous mutation），这是这一术语在遗传学中的第一次使用。德·弗里斯在两卷本著作《突变论》（*The Mutation Theory*，1900—1903）中确立了这一术语。

大约在德·弗里斯准备出版《突变论》第一卷时，邱园发生了另一个有趣的多倍体案例。园丁弗兰克·加勒特（Frank Garrett）在一间温室里发现，幼苗群中长着一株神秘的杂交报春花。这株新

获奖的邱园报春

植物似乎是多花报春（*Primula floribunda*）和轮花报春（*Primula verticillata*）杂交的一个新奇后代，这令邱园的所有员工都感到惊喜。多花报春土生土长在喜马拉雅山地区，轮花报春则来自气候环境非常不同的阿拉伯地区。鉴于这种新植物诞生于邱园，便被命名为“邱园报春”（*Primula × kewensis*），它的花朵非常诱人，在皇家园艺学会 1900 年的大会上荣获一级认证。

然而，这第一株新植物自身是一个不育的杂交品种。加勒特及其团队用上述两个物种杂交出来的所有后代皆是如此，这令他们十分沮丧。到了 1905 年，奇迹出现了，有一株植物的枝丫上生出了一些可育的花朵。它们结的种子后来发了芽，生长为繁殖力很强的邱园报春。为什么本来不育的植物神奇地产生了繁殖能力？这引起了植物学家莱蒂丝·迪格比（Lettice Digby）的浓厚兴趣。她计算出了不育和可育植物的染色体数目，得出的结论是：可育的那些花朵可育，是因为其染色体的套数有了双倍增加。

进一步的考察逐渐揭示，许多重要的农作物都是多倍体。因而，人们对这一现象的研究加快了步伐。虽然研究人员很容易计算出染色体的套数，但还不能在实验室里人工诱发多倍体，以发掘它的实际潜力。这是科学家们当时追求的一个宏大目标。不过，商业利益明显地限制了科学研究的进展。

这个目标终于在 20 世纪 30 年代后期成功地实现了。美国的研究人员艾伯特·弗朗西斯·布雷克斯利（Albert Francis Blakeslee）和阿摩司·格里尔·埃弗里（Amos Greer Avery）提取出一种化学物质，叫作秋水仙碱（colchicine），可促使植物中的染色体翻倍。它来自秋水仙（*Colchicum autumnale*），据现存最古老的埃及医学文献《埃贝斯羊皮书》（*Ebers Papyrus*）记载，早在公元前 1500 年，秋水仙就已被用于治疗风湿痛。

秋水仙，可促进植物染色体套数加倍的秋水仙碱的原料植物

用来统计植物细胞中染色体数量的方法非常耗时，其步骤包括取少量植物根系磨碎，给它们染色来显现其染色体，然后在显微镜下计数。但至今许多实验室仍然沿用这种方法。

最近，邱园的科学家转而采用流式细胞仪（flow cytometry）来研究多倍体。其方法是将细胞悬浮在流体中，采用激光束照射来分析细胞的物理和化学特性。流式细胞仪的分析速度很快，每分钟可分析几千个细胞。这意味着现在可以进行大规模的分析来确立多倍体的变异程度，不仅可以比较不同的物种，还可以比较同一物种的不同植株。这类研究（有的已分析了 5000 多株植物）发现，在一个物种里可以有巨大的倍性差异。目前的纪录保持者是一种豚草属（*Senecio*）植物，已确认它具有八个不同的倍性。

由于同一物种里的不同倍性可以对某些事情（诸如昆虫的授粉行为）产生影响，人们开始领悟到遗传多样性的重要作用，如伊利亚·利奇所解释的："最近，分子技术为研究多倍体的起源和进化提供了强有力的新工具。例如，它揭示出，多倍体不仅在当今的植物中存在并发挥作用，而且它在开花植物的发展史上始终是一个主要的进化推动力。"

人们现在有能力估算出，在进化的时间框架中，多倍体是何时出现的。估算结果令人惊异，所有的开花植物都同时经历过至少一个多倍体事件，它发生在200万年前开花植物进化的初始阶段。其他多倍体事件发生在一些物种最丰富的（多元的）植物进化的早期。这一观察引出一种猜测：多倍体可能在植物物种进化中发挥着重要的作用。十分有趣的是，许多已确认的事件可追溯到大约6500万年前，这或许是一个我们熟悉的时间，因为它恰逢最晚发生的大规模灭绝事件，包括恐龙在内的许多动植物都灭绝了。同它们的二倍体亲戚相比，多倍体植物也许更容易存活。

为什么破解多倍体的奥秘十分重要？这只是一种纯理论研究，还是有什么实际用途呢？邱园的马克·蔡斯说："我们已对足够多的植物进行了DNA测序，得以看到一种共同的模式。"在进化过程中经历过多次多倍体化事件的植物，控制其他"结构"基因（决定植物的样子和行为方式）的特定基因被大量复制，从而保留下来。这些控制基因就是现在所知的转录因子。邱园的科学家相信，它们提供了一把可以开发多倍体效益的钥匙。"因为多倍体植物中有多个转录因子控制结构基因，所以，相对具有较少转录因子的植物而言，它们能以复杂多变的方式来适应环境的变化。"蔡斯继续解释说。

破解多倍体和转录因子的一种应用是保护农作物免受病害，这将我们带回到本章的起点香蕉那里。香蕉不仅是许多新兴经济体的支柱，也是我们这个星球上排名第四位的重要主食，它仅次于大米、小麦和玉米。我们不能允许基因薄弱的香蕉作物患上传染病，大量死亡，再次成为珍稀物种。幸运的是，揭示多倍体的奥秘可以帮助香蕉避免这种命运。

事实上，在全球贸易中流通的香蕉几乎都是同一个品种，它叫作卡文迪什（Cavendish），其远亲基因源于印度。可是，近年来，卡文迪什已受到了一些真菌的攻击，包括黑叶斑病（Black Sigatoka），它对香蕉是致命的，就如同在 19 世纪摧毁爱尔兰马铃薯的晚疫病一样。在加勒比海地区，这种单一的真菌已经侵蚀了占据耕地面积 70% 的香蕉种植园。这些种植园雇用了当地四分之三的劳动力，比如在圣文森特岛和格林纳丁斯岛。由于这种真菌的传播，有些岛屿的香蕉出口暴跌 80%，还有些甚至已丧失了出口能力。

卡文迪什香蕉的一个特殊弱点是，它是一种三倍体变异的植物，它结出丰硕果实是以牺牲自身的繁殖能力为代价的。有证据表明，种植者使用嫁接方法繁殖，助长了真菌性疾病代代相传。因而，世界各地的实验室都在运用对多倍体和杂交的科学理解，尝试创造出卡文迪什的替代产品，既能同它的味道和寿命相媲美，又具有抗病性。

人们将特殊的期望寄托于在印度进行的研究，那里是香蕉祖先的家园。在那里，香蕉物种所维持的多样性提供了一个巨大的基因宝库。印度国家香蕉研究中心已经评估了 1000 多种香蕉，包括野生香蕉，目的是找到一种对黑叶斑病和其他疾病有天然抵抗力的品种。

医生给达尔文的建议是对的，吃香蕉要比吃糖好得多。如果科学家们能够运用多倍体的知识来提高该作物的产量，那么，正如达尔文所称赞的，这种营养丰富且具有经济价值的水果，将继续给全世界的人们带来口福和心灵的慰藉。

第13章
真菌罪犯：榆树林的消失

欧洲榆小蠹

死于荷兰榆树病的榆树（苏格兰，2007 年）

在伦敦的国家美术馆中，悬挂着一幅很受欢迎的油画作品《干草车》（*The Hay Wain*），它是约翰·康斯特勃（John Constable）于1821年创作的。油画描绘了宁静的乡村景色：马车穿越屋舍边的溪流，溪流的沿岸生长着一排美丽的榆树。在创作这幅画时，康斯特勃有一部分时间是在伦敦的工作室里。康斯特勃十分清楚地认识到，工业革命带来的城市化和交通发展，正在永久地改变英格兰以农业为主导的生活方式。然而，康斯特勃未曾想到的是，人口和商品流动的增加也将以一种完全不可预知的方式来改变英国的乡村。

康斯特勃的这幅画展现了英国的一种标志性景观，那是他十分熟悉的乡村，生长着大片的榆树林，高大茂密，十分醒目。植物学家亨利·埃尔威斯（Henry Elwes）写道：

> 榆树作为景观树，最好的欣赏角度或许是从高处俯瞰。每到11月中下旬，从泰晤士河河谷，或从伍斯特以下的塞文河（Severn）河谷的任何制高点放眼望去，一排排、一道道的榆树篱

遍布山野，呈现明亮耀眼的金黄色彩，那是英格兰令世人惊艳的风景之一。

然而，1970 年后出生的人对此景象是完全陌生的，因为它已不复存在。就在埃尔威斯描述他所深爱的景致之时，一种由甲虫传播的真菌已经侵袭了欧洲的榆树群。康斯特勃笔下随风摇曳的榆树林，很快就在英国乡村中永远地消失了。

这种疫病直到 1918 年才被发现，此时比利时、荷兰和法国北部的部分地区已经发展得非常严重。它第一次在英国出现是 1927 年。人们就病因展开了激烈的争论，有人认为是干旱引起的，有人认为是第一次世界大战中使用的毒气所导致的，还有人怀疑凶手是一种细菌，或者是引起植物溃疡病的丛赤壳属（*Nectria*）真菌的一个变种。最后，经过七位荷兰女科学家艰苦细致的研究，终于发现了罪魁祸首。1919—1934 年，这些科学家在维利·卡麦兰·斯霍尔滕植物病理实验室（Willie Commelin Scholten Phytopathology Laboratory）里工作，那是欧洲的一个主要的植物疫病研究中心，坐落在乌得勒支附近，以杰出女科学家占主导地位而著称于世。

该中心的研究生贝亚·施瓦茨（Bea Schwarz）首先发现，导致榆树死亡的是一种真菌，叫作榆黏束孢（*Graphium ulmi*）——现在叫作榆枯萎病菌（*Ophiostoma ulmi*），但最初几乎没有人相信她的说法，直到同事克里斯汀·比伊斯曼（Christine Buisman）重复并扩展了施瓦茨的试验，才印证了她的研究结果。这些女科学家们鉴定出了病因，但这种疾病以她们的国籍来命名为荷兰榆树病，这或许是不大公平的。然而，尽管施瓦茨和比伊斯曼提供了有关灾害肇因的至关重要的信息，遗憾的是，她们未能提供治愈的方法。

到了 20 世纪 40 年代，在欧洲的几个国家里，这种真菌导致

10%—40% 的榆树死亡，但在之后的一段时间内，它的活动似乎减弱了。汤姆·皮斯（Tom Peace）代表林业委员会负责监测该疫病在英国的蔓延情况，他在 1960 年写道："除非它目前的行为趋势彻底改变，否则不会带来一度被认为是迫在眉睫的灾难。"事实证明，他过于乐观了。

灾难很快成为现实。60 年代后期，上述真菌被一种更加活跃的病菌——新榆枯萎病菌（*Ophiostoma novoulmi*）——取代，它是通过造船业进口的带菌榆树木材传入英国的。传播者是两种甲虫：欧洲榆小蠹（*Scolytus multistriatus*）和欧洲大榆小蠹（*Scolytus scolytus*）。它们两个"合伙犯罪"，很快就蔓延到乡村各地，尤其喜欢光顾英国榆（*Ulmus procera*）。这些甲虫喜欢羸弱、濒死或已死的榆木，它们潜入树皮，挖掘通道，在树干中形成蛹室，在里面产卵。这些卵孵化之后，幼虫就靠吃树皮和边材为生。感染了真菌的榆树会在蛹室里生出带有黏性的孢子，当幼虫长成甲虫后离开，便把这些孢子带到了其他榆树上。不出十年，英国的 3000 万棵榆树就死掉了三分之二。

邱园树木园的主任托尼·柯卡姆（Tony Kirkham）说，该疫病通过木质部细胞（传输水分或营养的组织）蔓延，从树根直到树梢。为了阻止疫病蔓延，榆树本身会堵住木质部细胞，切断自己的水分供应，这实际上是一种自杀行为。它会导致树木迅速死亡，从感染疫病到死掉，只需一年左右。

柯卡姆回忆起 20 世纪 70 年代末目睹榆树感染疫病的情形。当时他是园艺专业的一名学生，到邱园去听讲座。透过教室的窗户，他看见花园里的榆树全被砍光了。他说："在疫病出现之前，园里占主导的是榆树、栎树和山毛榉。结果，我们失去了所有的榆树，仅保存了一两个物种，所以，我从未在邱园看到过生长茂

The field, *or common English*, Elm.

Full-grown tree in Kensington Gardens, 65 ft. high ; diam. of the trunk 3 ft., and of the head 48 ft. [Scale 1 in. to 12 ft.]

普通的英国榆树，摘自约翰·克劳迪厄斯·劳登的《不列颠的树木和灌木》(*The Trees and Shrubs of Britain*)，1838 年

盛的成年榆树。整个国家的榆树都消失了，树林景观在一夜之间就面目全非。”

患病的树很容易被发现，因为当其内部的供水系统被切断后，叶子便开始枯萎，初夏时变成黄色和棕色，然后脱落殆尽。感染疫病的枝芽从顶端开始枯死，有时会变成独特的“牧羊人拐杖”的形状。剥开病树枝芽的外皮，可发现棕色或紫色的纵向条纹。通常，年轻的榆树不易受到感染，直到15—20岁，其树皮才变得适合小甲虫栖息。这些小甲虫在树体里度过它们的整个生命周期。

有趣的是，对从湖泊和沼泽采集来的沉积物进行化石花粉分析表明，约6000年前，在欧洲的西北部发生过一次类似的事件，当时榆树也大量死亡了。由于此事发生的时间与新石器时代农耕经济开始的时间大致相同，从而引发了一些争议：榆树数量的骤减究竟是由于农民为开荒而大量砍伐树木，还是由于当时爆发了荷兰榆树病呢？例如，从诺福克郡（Norfolk）的迪斯米尔（Diss Meer）采集的花粉显示，在短短的六年里，这个地区的大多数榆树都死掉了。这种短时间内的突变同荷兰榆树病这样的疫病冲击是一致的，然而，在诺福克的沉积物中并没有发现导致荷兰榆树病的那种真菌。

不过，后来发现的欧洲大榆小蠹的残骸表明，英国当时确有这种疫病流行。这些残骸是在伦敦的汉普斯特德·希思公园（Hampstead Heath）的新石器时代沉积物中发现的。在瑞士和丹麦的新石器时代遗址中，也发现了树干里有这种特殊甲虫栖息的蛹室。因此，这种疫病不是新出现的，只不过人们在最近100年里才开始记录它所造成的影响和恶果。

直到20世纪70年代初，在英国，荷兰榆树病一直是影响树木健康的主要疫病，但是此后，新的威胁又露出了苗头。2012 年，林业委员会所辖的研究机构——林业研究所的一位退休真菌学家克莱夫·布莱西耶（Clive Brasier），就 1970—2012 年爆发的影响英国树木及自然环境的疫病，进行了详细的图表分析。图表显示，截至 1994 年，荷兰榆树病一直是主要疫病。然而，1994 年之后，疫病种类大幅增加，其他树木，包括桤树（又称赤杨木）、松树、山毛榉、七叶树、角树、原生石楠、落叶松、美国扁柏、原生桧、甜栗和梣树（又称白蜡木）等，连续遭到一系列疫病的侵袭，很多都是由疫霉属的真菌（与马铃薯晚疫病的致病原属于同类）引起的。

疫病突发可能有两种原因，一是全球气候变化加快了，二是人类（和植物）的流动性增强，更容易跨越国界了。是否存在切实可行的办法可以减少疫病的传播呢？尽管这个问题已被提上了重要

在榆树皮蛹室中的欧洲榆小蠹的卵，它会传播一种致病真菌——新榆枯萎病菌

的议事日程，但对于防止更大范围的传播，可能为时已晚。“很多病虫害仍有可能进入这个国家，我们真的要高度警惕，”柯卡姆说，“比如亚洲天牛、柑橘天牛、白蜡窄吉丁等，目前尚未大规模蔓延，但我们发现了少数病例，已设法将之消灭在了萌芽之中。此外，松柏树的天敌松舟蛾（processionary moth）也是一个潜在威胁。我们需要做好充分准备，这样，一旦这类疫情发生，就能够快速反应，彻底扫除。实际上，若是等到它们传播进来之后，往往就十分被动了，因此说，防病胜于治病。”

最近发生的一种疫病是白蜡木枯梢病，它是通过苗圃购买的树苗传进英国的。这种疫病是由拟白膜盘菌（*Hymenoscyphus pseudoalbidus*）引起的，最早报道是1992年在波兰发生的，从那里开始蔓延到整个欧洲。2012年，由于一批受感染的树苗从荷兰的一个苗圃运到白金汉郡的一个苗圃，便逐渐传染了英国的树木。截至2014年5月，英国已有646个地方发现了疫情，包括诺福克郡、萨福克郡、威尔士西南部，以及英格兰和苏格兰东海岸。这种疫病的主要攻击目标是欧洲白蜡木（*Fraxinus excelsior*）和狭叶白蜡木（*Fraxinus angustifolia*）。它通常是致命的，叶子从树冠开始枯萎，向下蔓延，正如“枯梢病”这个名字所形容的。

针对荷兰榆树病所造成的破坏，英国成立了一个专门小组来解决这个问题。它提出了一些倡议，包括核发植物“护照”的计划，并在欧盟国家之间更好地共享“流行病情报”，以便根据已发生的植物疫病的症状，来通报当前的传染病况，并预告未来可能爆发的疫病。解决方案的一部分或许也来自邱园的“千禧种子库伙伴项目”（Millennium Seed Bank Partnership，MSBP），它位于西萨塞克斯郡（West Sussex）的韦园（Wakehurst Place）——邱园在乡下的地产。该组织的科学家们的使命是：找出具有自然抵抗白蜡木枯梢病的基因的树种。他们正在英国的24个地区搜集含不同基因的白蜡木种子，建立一个白蜡木种子库，用于研究。

千禧种子库伙伴项目的主任保罗·史密斯（Paul Smith）解释说："我们已经知道，欧洲大陆的一些野生白蜡木种群具有天然的抵抗力。目前，一些研究小组正在试图揭示这种抵抗力的遗传基础。一旦找出相关的基因，就有可能设计出一个非常简单的基因测试方法，用来对种子库中的种子进行普查。一旦在某些种子上发现了具备自然抵抗力的基因，便可根据我们掌握的确切信息，追踪那些种子是从什么地方、哪些树上搜集到的，从而可以去搜集更多的种子，培植出具有抗病性的白蜡木，让它们重返大地的景观之中。"

白蜡木通常是从种子长成的，而榆树往往是采用根部扦插繁殖的，因而榆树生长出来的新苗和原植株是基因相同的克隆。这就是为什么荷兰榆树病会大面积传染。"在一个地区，绵延数十英里的植物篱墙全是克隆榆树，"托尼·柯卡姆说，"只要有一棵树感染，就会蔓延到所有的树上。这只是时间的问题。"

邱园里有一棵榆树是1905年栽种的，叫作高加索榉（*Zelkova carpinifolia*），据知它是能抵抗荷兰榆树病的。邱园近期种植的绝大多数榆树都具有一定的抗病性。邱园的原始样本中有一株喜马拉雅榆（*Ulmus villosa*）在荷兰榆树病大流行时幸存了下来，具有讽刺意味的是，它却被1987年的飓风摧毁了（有关这场飓风的故事将在第18章中讲述）。但还算幸运，柯卡姆的团队用它的枝条扦插，繁殖出了一株新苗。他们还种植了榔榆（*Ulmus parviflora*）、小叶榆（*Ulmus minor*）的一个栽培变种"普洛特"（Plot），以及美洲榆（*Ulmus americana*）的一个变型"普林斯顿"（Princeton）。遗憾的是，人们认为亚洲榆树的装饰效果不如英国的树种，尽管后者对疫病更为敏感。

Fráxinus excélsior.

The taller, *or common,* Ash.

Full-grown tree in Kensington Gardens, 75 ft. high ; diam. of trunk 4 ft. 6 in., of head 48 ft.
[Scale 1 in. to 12 ft.]

感染由拟白膜盘菌导致的“枯梢病”的普通欧洲白蜡木

英国本土的榆树尚有一线希望，它来自保罗·金（Paul King）的苗圃公司。保罗在 20 世纪 80 年代从幸存的四株榆树上采集了扦插枝条，可能是苏格兰榆（*Ulmus glabra*）、英国榆和欧洲榆（*Ulmus carpinifolia*）的一种杂交后代，它们均成活了，至今已有 20 岁，依然生长强劲，是否能够健康地完全长大，还要拭目以待。假如这一杂交试验成功推广，将来有一天，我们或许能在英国乡村重新领略到康斯特勃画笔下的榆树林风光。

第 14 章

野生近缘：保存遗传多样性

金灿灿的小麦，摘自约翰·杰勒德的《草药或植物通史》，1633 年

苏联海报《不要忘记饥荒的受难者！》

人类在地球上迁徙时，常常带着植物同行。种子的体积很小，易于携带，且能经久保存，殖民者和入侵者常将种子从原生地区带到其他地区，从而在全世界传播开来。野生植物最早是在何时何地开始被驯化的，现在往往很难搞得清楚，不过，我们可以根据它们的野生近缘种（CWRs）在今日的生长地点，发现一些踪迹。这个领域的先驱是一位植物学家兼作物育种家，名叫尼古拉·瓦维洛夫。他发现了科学最美妙的一面，也看到了人性最丑陋的一面。

瓦维洛夫生于1887年，在莫斯科附近的一个小村庄伊瓦什科夫（Ivashkovo）长大。在专制和低效的沙皇制度下，粮食歉收的情况频繁发生，瓦维洛夫在童年时代目睹了人们遭受饥荒之苦，这促使他终生坚持一个理想：确保这类灾难不再重演。他决心利用植物学和遗传学的新兴技术，彻底结束人类的这种苦难。然而，可怕而又具讽刺意味的是，瓦维洛夫的事业拯救了他人，却未能解救自己。

在那个年代，大多数植物学家只关心野生物种的研究，瓦维洛夫却独辟蹊径，致力于研究栽培作物的分类问题。通过探险活动和广泛搜集，他发展了一种理论，揭示了现代栽培作物的野生祖先最早是在何处开始被驯化的。作为格雷戈尔·孟德尔思想的支持者，他认为，通过鉴定和研究现代作物的野生祖先，植物学家能够开发出新型的抗病作物（通过选择性育种来进行商品化生产），这将有助于养活地球上的人口。瓦维洛夫在革命与战争的时代背景下所从事的开拓性工作，引起了全世界对于植物遗传多样性的重视。

远在12000年前，人类开始摒弃狩猎和采集的生活方式，转向农耕生活。早期农民选择栽培的植物是那些显示良好性状的，如籽粒成熟时间一致，果实较多且浆汁丰富。随着时间的推移，由于陆路贸易网络的发展和航海技术的提高，人们可以把种子从一个大陆带到另一个大陆，从而在全球范围，使采集食物的社会演变为农耕社会。因此，人们很难知道许多驯化作物的野生祖先最初是在何时何地开始演化的。

人们可能会问，既然现在已经采用了许多非常先进的耕作方法，为什么还要寻找作物的野生祖先呢？答案在于遗传多样性。在驯化野生植物的过程中，以及此后的几千年中，由于农民总是倾向于选择那些产量高和味道好的品种，致使包含其他有用特性的一些基因被丢失了，诸如具有抵抗疾病和应对多变气候的特性的基因。我们现在有质量良好的食品及可靠的供应来源，但是作物的遗传多样性降低了，这是十分危险的。一般来说，基因相似的作物容易招致病虫害，在人类历史进程中，这一弱点已经不止一次被证明了。

近代以来，人们接受了“单一作物”的农业模式：大面积种植少数几种现代高产作物，但这些作物的遗传多样性极低。面对全球人口激增、气候剧变以及由此导致的水资源短缺等危机，未来作物的育种家们需要找到一系列基因，可使植物具有更强的适应力，从而能够在与过去不同的各种环境条件下生存。培育含有这些基因作物的唯一办法，就是找到它们的野生祖先今天的栖息地，发掘它们的基因库。这项工作极为重要，因为，虽然世界上有50000种可食用植物，但是其中三种（水稻、玉米和小麦）为人类提供了60%的能量摄入。假如一种害虫或疾病影响了这三种主要食物中的任何一种，大饥荒将极有可能成为恐怖的现实。

作物的野生近缘种是重要的、可能很独特的遗传多样性储存库，它们有助于成功培育出可维系的作物品种，为人类所用。尼古拉·瓦维洛夫是较早认识到这一点的科学家之一。从20世纪20年代初开始，他根据这一想法，进行了115项考察探险，广泛搜集和研究野生栖息地的植物，足迹遍及64个国家，包括埃塞俄比亚、意大利、哈萨克斯坦、墨西哥、巴西和美国。他特意选择农业发源的地区，具体目标是为农作物找到有用的基因，寻找对象包括它们的野生近缘种和农民以传统耕作方式种植的作物。

瓦维洛夫在一封信中阐述了去小亚细亚（今天的土耳其）搜集植物的必要性：

> 自然界蕴藏着丰富多样的植物种类，然而，世界农业产业并未充分加以利用。例如，对于生长在西南亚、西亚和外高加索地区的多种野生植物，发达国家的科学界尚缺乏了解。从实用的角度来说，最令人感兴趣的是亚洲和外高加索的谷类植物。它们的特点是坚实、耐旱、籽粒优质透明、对土壤条件的适应力强，并对许多寄生真菌有免疫力……

瓦维洛夫从探险活动中积累了丰富的知识，并逐渐形成一种信念：每种驯化植物都起源于一个特定的地方，今天在那里仍可找到该种作物的最多变种。他称这些地方为起源中心。

1926年，瓦维洛夫发表了《驯化植物的起源中心》（"The Centres of Origin of Cultivated Plants"）一文，确认了田间、花园和果园作物的五个主要的起源中心。他指出，驯化植物的起源地，并非像人们所预想的那样主要集中在世界的几大河流附近（那些流域被认为是文明社会发展的源头，农业也最早出现于此），而是在"亚洲的山区（喜马拉雅山脉）、非洲东北部山区、欧洲南部山区（比利牛斯山脉、亚平宁山脉和巴尔干半岛）、科迪勒拉山（安第斯山的西部支脉）、落基山的南部支脉。在古代世界，驯化植物的原产地大多属于北纬20度至40度之间的一个条状地带"。

今天，在邱园植物标本馆D翼的门后，立着一个木制展示柜，它看上去很普通，里面的内容却非常重要。黑色档案盒里收藏着1300种小麦的麦穗，由农学家约翰·珀西瓦尔（John Percival）整理归类；瓦维洛夫在研究工作中曾利用过这些资料。这些包括不同的物种和地方品种的标本清楚地表明，传统的农民创造出了多样性惊人的驯化小麦。这些收藏至今仍然是宝贵的信息资源，有助于研究农耕实践给作物的外观和多样性所带来的变化。

邱园的马克·内斯比特挑选出了几张标本卡，每张卡上固定着几株小麦麦穗。他说：

> 你瞧：有的有麦芒，有的没有；色泽有红的、白的，还有黑的；有些有茸毛，有些没茸毛；麦穗的长短也不同。你所看到的，既有传统田间小麦的多样性——仅仅在一户农民的田里就可发现巨大的变异，也有不同品种之间的多样性。有小穗野生小麦；生长在埃塞俄比亚及其他地区的二粒小麦；硬质小麦；还有面包小麦——这是目前最重要的小麦品种。所有这些变种和形态

外观的不同都反映出深层的基因变异，诸如抗病性能、烹饪特点，以及在贫瘠土壤里生长的能力。对传统农民来说，这些才是真正有用的特性。

内斯比特解释说，当农民开始驯化小麦时，只是从大量野生植物中选择了某些品种。这就产生了一个“瓶颈”效应，后来种植的小麦只具有其野生祖先的一部分遗传多样性。也就是说，遗传多样性从人们开始驯化植物的那一刻起就开始丢失了。同时，如珀西瓦尔搜集的小麦所显示的，传统农民通过选择和交换种子也引入了新的变异。然而，现代育种者培育的品种所包含的遗传多样性最少，因为它们已经被有选择地培育成整齐划一的作物，从而缺乏了某些

显示多样性的各种二粒小麦麦穗，约翰・珀西瓦尔的收藏

可能让它适应极端干旱及其他气候变化的基因。

伦敦大学学院的植物考古学教授多利安·富勒（Dorian Fuller）接着解释说：

> 瓦维洛夫从一开始就发现了一个问题：很多饥荒的发生都是由于对少数作物品种的严重依赖。他认为，如果能够利用生长在山区（他所谓“起源中心”）的一些物种，便可找到更为广泛的遗传多样性，这将增强农作物对未来自然灾害的抵御能力。

历史事件对瓦维洛夫的工作产生了巨大影响。1917 年俄国发生了“十月革命”，但列宁意识到，国家需要这些在各种机构和实验室里工作的专家。很多研究机构都坐落在革命的摇篮彼得格勒（Petrograd），它的原名是圣彼得堡，1914—1924 年采用了彼得格勒这一名字。1921 年，瓦维洛夫接任了应用植物局（Bureau of Applied Botany）的领导工作。该机构历史悠久，成立于 1894 年，比美国的外来种子和植物引进办公室（Office of Foreign Seed and Plant Introduction）还要早四年。它现在改名为“瓦维洛夫种植业研究所”（N. I. Vavilov Institute of Plant Industry）。

尽管瓦维洛夫最初遇到了无数的麻烦，“要同寒冷的天气作斗争，还要克服缺乏办公场所、家具和食品的问题”，但他还是设法建立了一个新的实验室和研究站。那一年饥荒肆虐，列宁宣布说：“接着，从现在开始，就是抵御饥荒的时代。”在列宁对科学工作的支持下，瓦维洛夫把应用植物局建成了一个庞大的植物育种“帝国”。借助这个背后有国家庇护的机构，他得以继续在全世界搜集植物种子，从而有助于推进他的理论。

1926 年和 1927 年，瓦维洛夫旅行到了中东，那里的新月沃土

(Fertile Crescent）是农业的最初发源地。尽管沿途遭遇枪击并感染了疟疾，他仍然克服艰难险阻，先是访问了黎巴嫩、叙利亚，然后又去了约旦、巴勒斯坦、摩洛哥、阿尔及利亚、突尼斯和埃及。他在日记中回忆了看见驯化和野生小麦的情景：

> 初次来到阿拉伯人的一个村庄，就发现一片麦田里生长着一种独特的小麦品种。我在这里首次采集到后来命名为“霍拉纳”(Khoranka）的单一亚种。它的茎叶坚挺，麦穗紧簇，籽粒硕大，产量很高……而且，就在这里（贝卡谷地）的山坡上和田地边，我第一次看见了一簇簇的野生小麦……不过，我们最关注的还是当地人工栽培的小麦所具有的耐旱性，居住在那里的阿拉伯人普遍种植这种小麦。

从各种远征考察活动中，瓦维洛夫及其同事总共采集了 14.8 万—17.5 万个活种子和块茎的样品，全部带回苏联储存起来，以备后代所用。据俄罗斯食品历史学家戈卢别夫（G. A. Golubev）1979

罗兰 • 比芬培育的面包小麦，约翰 • 珀西瓦尔的收藏

年的记载："在整个苏联的五分之四的耕地上所播种的植物，其育种均得益于瓦维洛夫种植业研究所在全世界的搜集工作。"

今天，"千禧种子库"的科学家们充分地认识到了瓦维洛夫的工作的永恒价值。他们通过农作物野生近缘种项目（Crop Wild Relatives Project），借助于世界合作伙伴具备的有关各自地域的详尽知识，正在继续寻找具有基因多样性的植物，以便很好地把它们保护下来。"千禧种子库"最终希望获得驯化植物的所有有用的野生近缘种标本，掌握野生近缘植物栖息地的详细分布图，以及何时和如何采集标本的信息。

这项工作包括将全球作物的野生近缘种分类、编目、存储，并将信息提供给育种研究机构。这是一项与时间赛跑的历史使命，要赶在由于气候变化、城市化和森林砍伐等因素而导致野生植物灭绝之前，找到它们的种子并储存起来。鲁伏茄（*Solanum ruvu*）的命运再清楚不过地显示了这种紧迫性。它是茄子的一种野生近缘种，2000 年在坦桑尼亚第一次被采集到。当它被确定为一种新的物种时，其原生环境已遭到严重破坏。现在，这种植物被认为已经灭绝了。

我们现在了解到，瓦维洛夫有一个观点并不完全正确，他认为作物的起源中心就是基因多样性最丰富的地方。实际情况则比较复杂，因为作物的遗传多样性受到地理阻隔和文化多元的影响。但不管怎么说，瓦维洛夫的工作成果对现代种子科学研究仍然具有启迪意义，"千禧种子库"的农作物野生近缘种项目协调人鲁思·伊斯特伍德（Ruth Eastwood）解释道：

> 本项目有一个主数据集，显示今天全世界农作物的野生近缘种的栖息地。我们研究了植物标本，运用多种地理层面和应用数

学算法去模拟这些野生近缘种的分布。据此，我们绘制出了全球范围的精确地图。那些地图标明了真实的、已知的和假定的（模拟的）野生近缘种的分布情况，以及农作物的野生近缘种蕴藏最丰富的地区。我们已经将所有的分布图叠加起来，制作成了一张完整的全景图。当我们仔细地观察这张全景图时，吃惊地发现，同现在相比，在那么久之前，瓦维洛夫掌握的数据非常有限，分析数据的工具也很少，但他的洞见是相当准确的。

瓦维洛夫本人是那个时代的悲剧人物。1924 年，革命的建筑设计师列宁死了，瓦维洛夫失去了支持，未能继续完成探索植物奥秘的使命。斯大林宣布 1929 年是“重大转折的一年”。这位新领袖认为，瓦维洛夫的迫切任务应该是关注如何减轻眼下的饥荒，而不是浪费时间为未来保存具遗传多样性的植物资源。因此，斯大林更愿意支持特罗菲姆·李森科（Trofim Lysenko），此人声称能很快地取得成果，培育出有助于养活大量人口的作物。

瓦维洛夫奋力抗争，坚持弘扬孟德尔遗传学作为农作物改良的基本原理，可是，到了 20 世纪 40 年代，应用植物局遵奉的完全是李森科的信条。在斯大林统治下的苏联，个人观点是不受保护的，许多思想家和知识分子都为此付出了惨痛的代价。1940 年 8 月，瓦维洛夫正在喀尔巴阡山脉采集野生植物标本。有一天，四个人乘着一辆黑色轿车来到采集人员的营地，声称莫斯科要紧急召见瓦维洛夫。事实上，他们直接把他送进了一所监狱，它坐落在萨拉托夫（Saratov），那正是瓦维洛夫的植物学职业生涯起步的地方。

当时正值第二次世界大战期间，德国在欧洲逐渐扩大地盘，向苏联推进。瓦维洛夫处在监禁之中。斯大林为了保护文化遗产免遭希特勒军队的劫掠，下令将一百万件珍藏古董的一半，包括绘画、壁画和宝石，从位于列宁格勒（Leningrad，1924年彼得格勒又改名为列宁格勒）的著名的艾米尔塔什博物馆（Hermitage gallery）转移出来，隐藏到秘密的地点。但是，对于瓦维洛夫建立的种子库（里面储藏了2500种粮食作物的38万个种子、根部和果实），斯大林认为没有必要保护。

然而，就在历史上那个黑暗的时代里，发生了人类精神的一个奇迹：在列宁格勒保卫战中，种子库幸存了下来。当时列宁格勒的一切供应已经断绝，城中居民有的竟不得不吃虫子充饥。应用植物局的员工们下定决心，不能让希特勒夺走瓦维洛夫带领他们历尽艰辛而积累起来的宝贵资产。一些科学家们筑起了路障，在漆黑的楼房里忍受着比户外寒冬还要低的气温，轮流换班守卫种子库。存放着大米、豌豆、玉米和小麦的储藏罐就在眼前，但他们一粒也不碰。就是这样，为了这座永久保存粮食作物的野生近缘种种子的最大储藏库，瓦维洛夫的九位同事牺牲了，或是饿死，或是因饥寒交迫而患病去世。

与此同时，这家种子库的创始人在监狱里慢慢地耗尽了生命，于1943年离开人世。瓦维洛夫，他曾踏遍世界五大洲采集野生作物的种子，目的是避免自己在童年时代经历过的饥荒重现，最后却死于饥饿——他竭尽毕生精力去防范的凶手。今天，瓦维洛夫的故事警醒着世人，当政治凌驾于科学之上时，科学无法成功地改善人们的生活。

第 15 章

药用植物：金鸡纳树皮及其他

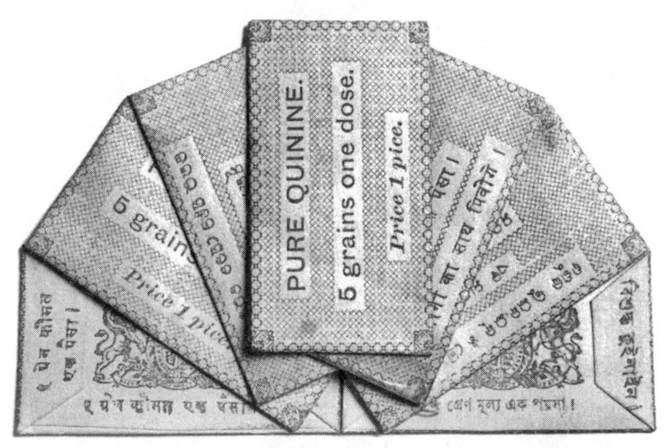

印度的奎宁药包，每包含五粒纯奎宁，通常邮局有售

洋地黄，格奥尔格·狄奥尼修斯·埃雷特（Georg Dionysius Ehret）绘于18世纪

1947年的诺贝尔化学奖颁给了一位知识渊博的英国科学家——罗伯特·罗宾森（Robert Robinson）爵士。他的研究横跨了有机化学的各个方面，最伟大的成果是发明了人工制造青霉素的方法，因而拯救了数百万人的生命。不过，诺贝尔奖颁奖词上突出强调的是“他对具有重要生物活性的植物产品，尤其是在生物碱的研究方面”做出了贡献。那么，何为生物碱，它们为什么有如此高的价值呢？

生物碱是植物产生的一系列生化物质之一。它们的功能尚未完全搞清楚，不过我们已经知道，它们可以保护植物免受病原体和草食性动物的侵害。植物与动物不同，它们无法移动，因此便转向采用化学方法进行自我保护，利用合成化合物（据知是专门的或次生的代谢产物）来应对威胁。许多生物碱的特征之一便是味苦，这使众多草食性动物缺乏兴趣，人类也大多不喜欢苦味。不过，这类化合物往往对人类有益，因为它们具有药物效用。

邱园乔德雷尔实验室的副管理员莫妮克·西蒙兹（Monique Simmonds）研究了植物化合物的不同药物潜力。她指出：“这些化合物并非为了人类的利益而存在。它们的目的通常是保护植物自身，诸如抵御害虫。”同时，有些植物的化合物会导致叶子和茎上的微小气孔关闭，近似于人类细胞中调控炎症反应的过程。这类化合物可能具有作为抗类风湿药物的潜力。

吗啡现在被用作一种强效止痛药，它是最早在1804年发现的一种生物碱，但它的分子结构直到1925年才被罗宾森分析出来。其他生物碱包括，用于治疗疟疾的奎宁及其现代衍生物；还有从马达加斯加的长春花（*Catharanthus roseus*）中发现的化合物，具有治疗儿童白血病和霍奇金氏病（Hodgkin's disease）的效用。

罗宾森的关键性突破是，运用在自然界中发现的原料和条件来合成这些强效化合物，即通过化学反应，从较简单的物质中合成出来。这类新技术明显不同于以前的方法（依赖于高温和压力来生成所需的活性化合物）。罗宾森最初成功合成的是托品酮（tropinone），可用于治疗某些心脏病、支气管病，以及眼科手术。

早在科学家们掌握现代分析方法来确认化合物同特定药效的关联之前，人类使用药用植物已有漫长的历史。以洋地黄（*Digitalis purpurea*）为例，它那美丽迷人的粉色或紫色钟形花朵掩盖了它的毒性，不过，早在几百年前，人们就已经知道它具有治愈某些病症的效用。英国医生和植物学家威廉·威瑟林（William Withering）受到民间传说的启示，曾尝试用洋地黄的浸液来治疗浮肿病，这是因体液潴留引起的双腿肿胀，常常反映出心脏方面的问题。他写道：“1775年，有人向我打听治疗浮肿病的家庭秘方。我听说什罗普郡（Shropshire）的一位老妇人有个古老秘方，很多正规医生的治疗都不见效，她却有时可以治愈这种病……该药方由20多种不同的草药组成，但熟悉这方面知识的人不难发现，其中关键的活性草本植物可能就是洋地黄。”威瑟林的试验取得了惊人的成功率，65%—80% 的患者都被治愈了。不过，直到 19 世纪末，科学家才分离出洋地黄的活性成分，其中最重要的两种化合物是地高辛（digoxin）和洋地黄毒苷（digitoxin），它们被鉴定出具有调节心脏功能的效用。

历史文献中几乎没有将柳树皮作为草药的记载，柳树皮药用性能的发现是一个偶然。英国的一位牧师爱德华·斯通（Edward Stone）记载道："根据经验我发现，英国有一种树的树皮是一种强效的止血药，并对治疗疟疾（热病）和缓解间歇性失调非常有效。大约六年前（1758 年），我不小心尝了一点，味道出奇地苦；这立即引起我的猜测，它可能含有秘鲁树皮（金鸡纳树皮）的成分。"于是，斯通搜集了一些柳树皮，干燥后碾成粉末，在牛津郡（Oxfordshire）住宅附近村子里的居民身上做实验。之后，他在当时顶尖的科学杂志《英国皇家学会哲学学报》（*Philosophical Transactions of the Royal Society*）上公布了柳树皮对治疗热病的效用。科学界对研究柳树皮的兴趣逐渐增大，1828 年，有人发现其活性成分是一种化合物，并将之命名为水杨苷（salicin）。在实验室将之转换为水杨酸（salicylic acid），即可制成一种强效止痛药，但它会引起胃部的不适和溃疡。1899 年，德国科学家将水杨酸改造为乙酰水杨酸，对胃就比较安全了。它就是今天众所周知的阿司匹林。

鸦片罂粟（*Papaver somniferum*），除了精美鲜艳的花朵和独特的圆形果实外壳为人们所喜爱之外，其药用性也长期受到重视。在传统上，鸦片是从鸦片罂粟的乳状汁液（或称乳胶）中提取的。古希腊和古罗马的文献记载说，鸦片罂粟是一种缓解悲伤和疼痛的药物；后来，在文艺复兴时期，草药学家帕拉塞尔苏斯（Paracelsus）认为，鸦片可使人长生不老。鸦片也成为 19 世纪两次战争的主

历史悠久的药用植物鸦片罂粟

因——中国强烈反对英国向其市场倾销印度鸦片。1803 年，鸦片的主要活性化学成分被分离出来，它是人工分离的第一种生物碱，被命名为吗啡。1827 年，德国开始将吗啡投入商业生产。

植物的药用价值很自然地引起了邱园的注意。自 18 世纪后期以来，世界各地的药用植物都被送到邱园进行培育和研究，然后传播到其他的植物园去。从19世纪40年代开始，邱园和皇家药学会（Royal Pharmaceutical Society）本身也搜集天然药材，如树皮粉末、切碎的根茎、干燥的叶子以及数不清的其他配制材料。今天，邱园的经济植物收藏（Economic Botany Collection）约有20000件标本。它们被装在漂亮的木柜里，见证着过去的那些无畏的植物搜集者、药学先驱和早期制药商付出的艰辛劳动。那时的药物中至少有四分之三是从植物中提取的。最近增加的收藏，包括在过去20年里搜集的近4000种传统中草药，反映了全世界医药学领域在这方面做出的不懈努力。

在19世纪下半叶，邱园的收藏是培训药剂师的一个活课堂，他们可以通过这些收藏来识别对常见疾病具有疗效的多种植物。在维多利亚时代，暴饮暴食似乎是一种较小的原罪，因而许多常见病都与消化问题有关。泻剂包括番泻叶（senna）、亚洲大黄（Asiatic rhubarb，与英国花园培植的品种不同）和芦荟。芦荟的黑色乳胶的效用同今天的舒缓凝胶很不一样。栎瘿（oak gall）则被认为对治疗腹泻很有效。

邱园的经济植物收藏也包括治疗严重疾病的传统药方。鸦片产品，诸如鸦片酊（laudanum），是首选止痛药，用于所有的人，包括婴儿，维多利亚女王在分娩时也用它来止痛。莎士比亚剧中人物罗密欧自杀服用的毒药是一种叫作舟形乌头（*Aconitum napellus*）的植物，用它制成的溶液被广泛用于治疗热病和盗汗。治疗热病在当时是极为重要的事情，因为热病不仅在大英帝国全球扩张的领地内横行，也严重威胁了英国国内。每年一到夏天，伦敦、肯特郡、诺福克郡和林肯郡的沼泽地带就会流行热病，它同人们现在所知的疟疾相关。奥利弗·克伦威尔（Oliver Cromwell）年轻时得了这种病，并终其一生深受反复发作的痛苦折磨。当时人们认为这种疾病来自“坏空气”作祟，“malaria”（疟疾，本义为污浊之气）一名便由此而来。

俗称金鸡纳霜的奎宁是一种特殊的抗疟疾药物，它将邱园同药用植物的历史有趣地联系了起来。在邱园的经济植物收藏中，同金鸡纳树的开发和利用有关的即超过1000件。这种树皮具有货真价实的药性，从中提取的奎宁（秘鲁语“树皮”之意）及各种衍生物可杀死引起疟疾的疟原虫。金鸡纳树（cinchona）据说是以西班牙的一位名叫金琼（Chinchón）的伯爵夫人命名的，相传她在1638年时发高烧，用当地的一种树皮土方治疗后得以康复。耶稣会传教士称之为“金鸡纳树皮”或“树皮之王”。

包括英国人在内，对那些有染指热带地区野心的欧洲殖民主义者来说，疟疾是一个大敌，它导致数千人在非洲和亚洲的探险活动中死亡。19世纪英国的一名水手用黑色幽默绝妙地概括道：“贝宁湾，鬼门关，四十人去一人还。”人们迫切需要找到一种办法来对付这种疾病，利用金鸡纳树是一个大胆的尝试，然而，树皮采集面临着两个困难。其一，它的原生栖息地处于安第斯山脉中最难企及的地带；其二，自然界约有30种金鸡纳树，但无人确知是所有的品种还是仅有部分品种的金鸡纳树的树皮具有神奇药效。

为了采集金鸡纳树皮和种子，几十个探险队出发了，但几乎都以失败而告终，许多采集者在丛林中丧生。18世纪的法国探险家夏尔·玛丽·德·拉·孔达米纳（Charles Marie de la Condamine，也是他引起了人们对橡胶树的注意）设法采集到了据知是正确的金鸡纳树种子，登上了一艘开往欧洲的轮船，可惜很不幸，在航行途中，盛放种子的袋子被海浪卷走了。马克·霍尼希鲍姆（Mark Honigsbaum）就这个问题专门写了一本书，名叫《热病寻踪》（*The Fever Trail*），书中写道：“这种树仿佛是受到了古老的印第安咒语的保护。”

经过了无数次失败之后，金鸡纳树皮和种子最终成功地运抵欧洲。1820 年，法国化学家皮埃尔·约瑟夫·佩尔蒂埃（Pierre Joseph Pelletier）和约瑟夫·卡文图（Joseph Caventou）第一次在实验室里从金鸡纳树皮中提取出奎宁；不久之后，佩尔蒂埃就在巴黎建立了一家提取奎宁的工厂。在利用这一重要新药的竞赛中，英国紧追其后，霍华德父子制药公司（Howards & Sons）于 1823 年开始生产奎宁生物碱。这个家族企业的一名成员——约翰·艾略特·霍华德(John Eliot Howard)，成为维多利亚时代著名的“奎宁专家”之一。他受过植物学和化学的精良训练，并在伦敦的自家温室里种植不同品种的金鸡纳，因此积累了很多这方面的知识。于是，当需要对抵达伦敦码头的一袋袋金鸡纳树皮进行鉴定时，他的专长大大地派上了用场。30 来种金鸡纳看上去相近，杂交也很容易，每种的树皮可以产生不尽相同的生物碱，但是，霍华德能够识别出哪些树皮是具有最强药效的。

然而，英国人最终的梦想是在自己的领地上种植金鸡纳，以保证大规模生产优质低价的奎宁。鉴于当时英国人在印度殖民地的疟疾死亡率很高，因而毫不奇怪，印度事务办公室积极推动了这项种植计划。1859—1860 年，邱园组织了一支英国探险队前往南美洲，由植物学家理查德·斯普鲁斯及其同事采集种子和植物带回邱园，然后送抵印度。那批含有奎宁生物碱的植物在漫长的艰苦旅程中存活了下来，大面积地种植在大吉岭和印度南部。19 世纪 60 年代，医疗人员在马德拉斯（现称金奈）、孟买和加尔各答进行了大量的临床试验。结果表明，在印度种植园的金鸡纳树皮中发现的多达四种奎宁生物碱的组合体对治疗疟疾非常有效。于是，印度事务办公室通过邮政系统建立了一个四通八达的分销网，以确保奎宁能够送

锡兰的金鸡纳树，摄于 1882 年，从其树皮中提取的奎宁可治疗疟疾

达所有的穷乡僻壤。

另一个例子是，荷兰在爪哇岛（Java）的殖民地栽培了一种奎宁生物碱含量高的金鸡纳树，在此基础上建立起了一个繁荣的出口产业。这种奎宁生物碱最受欧洲制药公司的青睐。这一树种的种子是后来查尔斯·莱杰（Charles Ledger）在玻利维亚与当地向导曼努埃尔·因克拉·马马尼（Manuel Incra Mamani）一起搜集到的。在此事中，提供信息的本地人的名字被记载了下来，这在相关历史文献中是非常罕见的。事实上，若是没有当地人的协助，来自欧洲的植物搜集者便无法在探险中幸存，更不用说发现植物并理解它们的用途了。可悲的是，莱杰和马马尼都未能从这项工作中受益；当这些种子于 1865 年运到伦敦的时候，印度已经成功建立了金鸡纳树园，邱园不再对这类种子感兴趣了。这些种子便以 600 荷兰盾（约

合 120 英镑）的低价卖给了荷兰人。马马尼则因种子走私而被捕，几年后就命赴黄泉了。

由于欧洲对来自原产地树皮的需求，安第斯山脉的野生金鸡纳树被大量砍伐和剥皮，19 世纪 50 年代已达到濒临灭绝的地步。还好，荷兰和英国及时地在亚洲殖民地种植了金鸡纳树。

到了 20 世纪 30 年代，研究人员已经通过改造奎宁，研制出了氯喹（chloroquine）和伯氨喹（primaquine），这是最早人工合成的有效抗疟药。然而，疟原虫对这些治疗方法的抗药性逐渐增加，促使人们不得不去寻找新的化合物，终于在 90 年代，从原产于亚洲温带地区的黄花蒿（*Artemisia annua*）中分离出了抗疟疾的青蒿素。

青蒿素的发现要归功于中医的启示。在传统中医中，青蒿素被用来治疗发烧。历史和当代的传统医药知识不断为试图识别药用植物的科研人员提供重要线索。这种线索的重要性变得日益明显，据估计，在寻找具有潜在药用性能的新化合物的过程中，科学家考察过的植物大约仅占全世界已知植物物种的 20%。

即便如此，所有处方药中有四分之一包含基于植物和真菌化合物的成分。真菌化合物为我们提供抗生素、免疫抑制剂，以及治疗高胆固醇和抗癌的药物。加兰他敏（Galantamine）可用于治疗轻度至中度阿尔茨海默氏病，与邱园正在进行的研究有关；莱斯特大学（Leicester University）合作者的研究显示，从水稻中分离出来的麦黄酮（tricin）复合物有可能对治疗乳腺癌有效。

在提高对植物化合物的认识，从而解释其传统用途方面，邱园的研究一直处于前沿地位。“人们觉得邱园是值得信赖的，”西蒙兹说，“我们每年接到 1000 多项查询，要求协助鉴定药用植物，其中约有 35% 不适宜用于药品、化妆品和食品。有些是植物本身不对路，有些是从植物中提取的成分不对。最经常收到的请求是鉴别人参。首先，我们要搞清楚它是美洲品种还是亚洲品种，因为美洲人参受到《濒危物种国际贸易公约》（Convention on International Trade in Endangered Species）的保护，这也是我们在植物保护方面应负的责任。此外，还必须检验送检样本中是否含有毒素。”

同样也是在邱园，药剂师梅拉妮·豪斯（Melanie Howes）正在研究从南非醉茄（*Withania somnifera*）中提取的治疗老年痴呆症的药物。这种美丽的印度本土植物，长着丝绒般的叶子，暗橙色浆果外面裹着薄纸般的外壳，俗称印度参（ashwagandha，或写作 Indian

印度参，它具有治疗痴呆症、关节炎、糖尿病和癌症的潜力，人们正在研究其生化成分

ginseng)，有时也称冬樱花（winter cherry），其医药潜力的线索来自历史悠久的印度传统医药，人们长期以来把它作为一种补药来缓解体乏、疼痛和压力。

豪斯与纽卡斯尔大学（Newcastle University）的同事们合作，研究了印度参的根部萃取物，测试表明，其衍生物可有效抑止老年痴呆症的两种肇因。另外，也有人在研究这种植物中其他成分的药性，目标是对付关节炎、糖尿病和癌症。

除了从传统草药传说中寻找民间医学所提供的线索之外，人们还可利用现代高科技手段。以 DNA 为基础的研究，使植物学家们能够更好地了解植物种类之间的关系。这方面的知识有助于选择具有相似生化特征的植物，从而引导植物的筛选，甄别其潜在的医药用途。

邱园的植物标本馆能够发挥很大的作用，帮助研究人员找出对防治人类的主要疾病具有潜在效用的植物化合物。栗豆树（*Castanospermum australe*）就是一个例子。它是澳大利亚原生的一种树，其种子内有一种被称为栗精胺（castanospermine）的化合物，能够抑制某些特定的酶，包括病毒复制过程中所需的酶。因此，这种化合物已在全球范围被用于抗击艾滋病。

邱园小心慎重地权衡植物产地的居民和实验室研究人员的权益。它同大约上百个国家的地方社区进行合作，那些地方的居民仍然非常依赖传统草药的医疗方式。“这是一件双方均受益的事情，”莫妮克·西蒙兹说，“未来的药物最有可能来自于这些地方，假如当地的植物引导出新药的发展，那么这个社区就应该受益。这不仅是开发新药的问题，也是有关尊重社区权利并帮助他们保护自然资源的问题。”

在世界的某些地区，如撒哈拉沙漠以南的非洲，尤其是在较贫穷的乡村地区，大多数人更依赖于药用植物，而不是大制药公司的产品。莫妮克·西蒙兹坦言："有些社区似乎更相信天然草药，而不是'药品'。重要的是要让人们了解，某些商业性药品，尤其疫苗，是非常有价值的，如果不接受注射就有可能死亡，而这种悲剧本来是可以避免的。"

保护当地的知识积累同保护植物本身同等重要。譬如，在加纳的一些地区，具备当地药用植物知识的人口显示巨大的年龄差距，18—27 岁的人中只有 2% 声称具备这类知识，28 岁以上的人则有相当高的比例具备这类知识。"了解当地植物用途的年轻人越来越少，在城市尤其如此，"莫妮克·西蒙兹说，"相比之下，在一些村庄里，仍有一些谙熟草药的老人，他们能够识别和选择优质的植物原材。"

假如我们要从研究传统药用植物当中获益，则必须采用透明的新措施，以确保利益共享。首先必须有人亲自到各个社区进行实地考察，从当地的药用植物守护人那里获取第一手信息；然后由研究人员进一步揭开这些植物的药效机理；最后由制药公司进行投资，生产出安全可靠的药品。参与这个工程的各方都应该分享利益。

第 16 章

重大突破：发现植物生长素

查尔斯·达尔文的《攀缘植物的运动和习性》(*The Movements and Habits of Climbing Plants*, 1876)一书插图

水稻，它是帮助人们发现赤霉素的关键植物

植物学的重大突破，通常都是建立在众多科学家多年研究和实验的基础之上的。巴尔赞奖（Balzan Prize）是科学领域的一个主要荣誉奖项，涵盖诺贝尔奖没有包括的某些学科。1982 年的巴尔赞奖（奖金为 11 万美元），由肯尼思·蒂曼（Kenneth Thimann）赢得。他的新发现把一场此前查尔斯·达尔文曾经卷入的、激烈的、长期的科学争论引到了巅峰。我们要说的这场争论的主题不是进化论，而是关于植物激素——植物自身生成的一种生化物质，它对植物的细胞和组织产生作用，最终影响植物的生长和行为。

蒂曼在英格兰出生并接受教育，1930 年移居美国。他才华横溢，在科研领域取得了一些重大成果，例如，揭示了植物如何产生导致花和果实颜色的天然色素、光波长度在光合作用中扮演的角色、植物衰老的机理等。然而，他最著名的成就是在 1934 年分离和提纯了植物共同的生长激素——生长素。

“auxin”（生长素）一词取自希腊文的动词“auxein”，意为“生长或增加”。生长素是同植物生长相关的一类激素。它们产生于芽和根的尖端，调整植物细胞延伸的速率，并控制其长度。它们通过延伸植物背光面（在那个部位发现的生长素密度更大）的细胞，来调整植物面向光照的曲度。它们也参与控制果实的发育过程。生长素也会通过配合或对抗其他激素来影响植物的行为。例如，生长素和另一种植物激素细胞分裂素（cytokinin）之间的比例，可以影响植物的生长力量分配，比方说是侧重发育根部，还是侧重发育苞芽。

蒂曼发现的植物生长素叫作吲哚-3-乙酸（indole-3-acetic acid，缩写为 IAA）。他鉴定出了该激素的化学结构，据此人工合成的植物生长素成为农业和园艺业的一个法宝。但是，有人并不赞成给农作物添加人工合成的生长素。更具有争议的是，蒂曼的研究成果被他人利用来发明了橙剂（Agent Orange），众所周知，它对植物具有毁灭性杀伤力，在越南战争中曾被用于摧毁森林和庄稼。

在邱园，当常规手段可能无效时，园艺家们也偶尔使用生长素来培植珍稀植物。邱园最大的温室——维多利亚玻璃房目前正在进行修葺，从那里迁移出来的衰老植物很难繁殖。因为这些生长缓慢的衰老木本植物的皮又老又厚，不能迅速生根，剪下扦插通常无法成活。在这种情况下，就可以利用生长素来加速生根的过程。主管邱园温室的格雷戈·雷德伍德（Greg Redwood）介绍了具体的做法："我们选择最健康的枝芽，将表皮擦伤，露出里面的活组织，把生长素涂在创口处，然后用苔藓和锡纸包裹起来，保持湿润，直至生出根芽。"这一程序被称为空气压条。

生长素除了促进生根之外，还有一个很重要的功用，即增强植物对外界刺激的反应，从而更能适应环境的变化。有人将这种现象与动物的神经系统进行类比，蒂曼在《激素在植物生命过程中的作用》（*Hormone Action in the Whole Life of Plants*）一书中谨慎地认同这一点：

有人认为，一个复杂有机体（如开花植物）的所有微妙的调控都是通过可扩散化学物质的流动来实现的。这种观点在某种意义上来说是难以捉摸的。微妙的调控具有一种奇特的意外性，似乎不是乍一看便能精确把握的。也许正是出于这一原因，有些古怪的家伙总是宣称植物会欣赏音乐、接受祈祷，或辨识出其养护者的动机是卑鄙的还是仁慈的——这种能力只有发达的神经系统才可能具备。虽然我们可以毫不迟疑地否定这种一厢情愿的臆想，但有一点是真的，即相比于一组化学物质的分泌和流动，神经系统确实更能造成一种既精巧又能即时掌控的印象。

正是植物激素和植物运动之间的关系问题，将蒂曼同达尔文联系了起来。植物究竟怎样运动？自古希腊以来，这个问题一直令人好奇并引起激烈的争论。有些人认为植物的运动是纯机械性的；也有人相信，植物的运动表现出植物对周围环境的某种形式的感应。

18 世纪后半叶，这成为植物学领域的一个日益热门的话题。瑞士博物学家夏尔·博内（Charles Bonnet）最早进行了有关植物运动的控制实验。查尔斯·达尔文的祖父伊拉斯谟（Erasmus）是“感觉论”的早期倡导人之一，认为植物是敏感的生物，具有自发的运动能力。他甚至认为，苞芽有一个大脑，能对感觉刺激做出反应，而且，植物的行为至少是部分地依赖于后天的学习。在达尔文思考植物运动如何影响植物进化的问题时，这种行为与学习相关联的观点对他产生了影响。

伊拉斯谟·达尔文将植物的行为看作争夺生存资源之战。然而，他没有采用枯燥的科学论述，而是借助诗歌来表达自己的观点。以下是史诗《自然圣殿》（*Temple of Nature*，1804）中的句子：

啊！微笑的女神驾着武装战车，

越过植物战争的层层阻隔。
小草、灌木和大树昂扬向上，
拼命地争夺空气和阳光。
根须则在地下逆势延伸，
艰辛地抢占着土壤和水分。

到了19世纪初，关于植物的运动是机械的还是可调控的，争论双方的立场都变得更加鲜明。查尔斯·达尔文根据他在19世纪六七十年代进行的一系列实验获得的证据，坚定地支持调控理论。他的主要对手是德国科学家尤利乌斯·冯·萨克斯。萨克斯以研究光合作用著称，他坚决否定植物细胞具备任何感知周围环境的特殊能力，认为植物肯定不能根据所处环境来自我调控。

《物种起源》出版后，达尔文几乎立即迷上了圆叶茅膏菜（*Drosera rotundifolia*）的运动现象。这种植物喜欢在沼泽生长。1860年11月，在写给律师兼地质学家查尔斯·莱尔（Charles Lyell）的信中，达尔文说他发现了一种植物，“感到非常恐惧和震惊”，它的触觉比人类的皮肤还要敏感，它的灵敏“绒毛”似乎能够对一些不同对象做出相应的反应。

达尔文还专注于研究攀缘植物，例如裂叶刺瓜（*Echinocystis lobata*），特别研究了它们如何控制扭曲和缠绕的动作——生物学家称之为回旋转头运动（circumnutation）。为了观察这种运动，达尔文在植物的某个器官（如根茎叶）上固定一根带有蜡珠的玻璃针，以目测方式瞄准一张卡片上的固定参照点，然后在两者之间的固定玻璃板上作标记。在不同的时间里重复这样做，然后将这些标记连接起来，便可得到植物的运动轨迹。这个实验或许可被视为延时摄影的先驱。

1863年，达尔文观察到，当卷须寻找可将自己绕在上面的物体时，就显示出侦察和试探性的举动。以圆叶茅膏菜为例，达尔文形容它的触觉“惊人地灵敏”，似乎比人的手指还要敏感。他和儿子弗朗西斯（Francis）利用金丝雀虉草（*Phalaris canariensis*），进一步做了一些简单却精彩的实验。这种草的幼苗生长时，朝着光照的方向弯曲。当苗尖被遮住后，没有了光照，弯曲运动就停止了。他们由此得出结论：“这些结果似乎意味着幼苗的上部存在某些物质，这些物质受光的影响，将信息传输到幼苗的下部。”查尔斯·达尔文在1880年出版了《植物的运动能力》（*The Power of Movement in Plants*）一书，全面阐释了这一理论。

最初，植物生理学的同行拒绝接受达尔文的这一想法。但

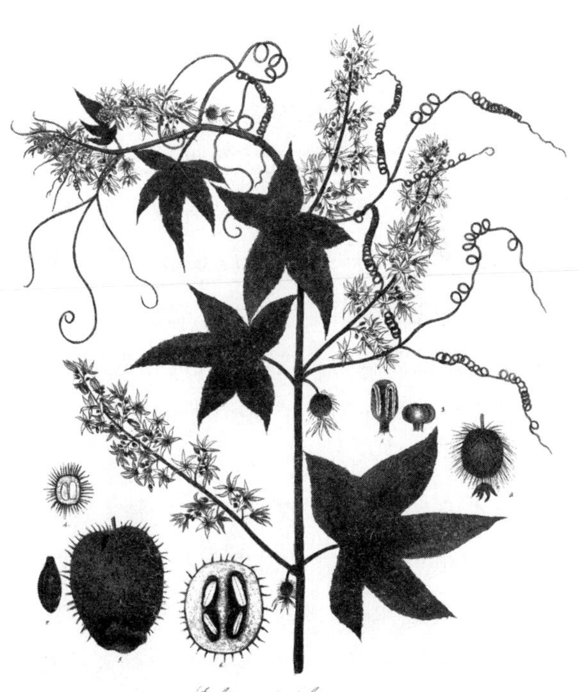

裂叶刺瓜，达尔文曾用它研究植物运动的机理

是，其他人对植物苗尖中一些可流动的活性物质的研究，为达尔文的观点积累了证据。虽然德国化学家恩斯特·萨科夫斯基（Ernst Sakowlski）在1885年即从发酵的副产品上发现了一种生长素的化合物，但是，直到1931年，弗里茨·科格尔（Fritz Kogl）和阿里·扬·哈根－斯密特（Arie Jan Haagen-Smit）才从人尿中分离和提纯出第一种生长素三醇酸（auxentriolic acid），也就是所谓生长素A。后来，科格尔又从人尿中分离出了结构和功能类似于生长素A的其他化合物，其中之一就是大名鼎鼎的吲哚－3－乙酸——蒂曼不久后首次将它从植物中分离出来。

生长素可使植物扦插快速生根，对园艺家们特别有帮助。在农业上极其有用的则是另一种植物激素，它的发现要"归功"于一种水稻疫病，日本农民称这种疫病为恶苗病（bakanae），或称疯长症。感染了这种病的水稻不断地长高，直到完全颓倒，就像倒在排水沟里的醉汉一样，最终收成全无。

1898年，日本的研究人员堀正太郎发现这种疫病是由真菌引起的。1935年，薮田贞治郎从导致疯长症的真菌中分离出了一种特殊分子，命名为赤霉素（gibberellin）。不过，直到"二战"结束，这一发现才为科学界所知。之后，科学家开始探索赤霉素是如何对植物造成影响的。这项研究的结果是培育出了世界主要农作物的矮秆品种，从而引发了50年前的那场"绿色革命"，极大地改变了全世界农业生产的面貌。

尼克·哈伯德（Nick Harberd）是牛津大学圣约翰学院的西布索普（Sibthorp）植物学讲席教授，他给我们讲述了"绿色革命"取得的巨大成果："20世纪五六十年代，诺曼·博洛格（Norman Borlaug）培育出了矮秆小麦；另外有人培育出了矮秆水稻。它们的产量非常高，其原理是使养料定向供给，用于籽粒而不是用于茎秆。产量提高了，人们就有了充足的粮食供应。”据认为，博洛格培育的矮秆小麦在印度、巴基斯坦和墨西哥等地拯救了约10亿饥饿人口。由于这一贡献，他获得了1970年的诺贝尔和平奖。

哈伯德的团队是“矮化作物分子鉴定”这一研究领域的领军者。矮秆性状是由一些抑制了赤霉素生长的基因引起的。这种基因也会影响种子和果实的大小。该团队研究如何操纵可调控激素作用的相关基因，这种方法有可能用于开发适应力更强的作物，以应对因全球气候变化造成的某些严酷环境，例如干旱和盐碱。

同生长素一样，赤霉素也是一组激素，而不是单一的化合物。到目前为止，人们已鉴别出了136种赤霉素。它们的功能各不相同(取决于赤霉素和植物的类型)，这为种植者提供了有力武器。类似于对高产矮秆作物的作用，赤霉素也被用来刺激苹果树和梨树的结果，减小果树的“大年”和“小年”倾向。与此同时，使用赤霉素喷洒剂可使葡萄的果实饱满硕大，以满足现代消费者的需求。

人工合成的生长素被用于现代农业实践的最前沿，例如，位于英国布洛格戴尔（Brogdale）的国家果园（National Fruit Collection）利用一种叫作萘乙酸（NAA）的生长素来保持完美成熟的果实产量。将这种生长素喷洒在果树上，果实便不会过早地从树枝上脱落，它们会待在树上直到完全成熟、可以采摘。

生长素的另一项功能是激发植物自然地释放气态激素乙烯，这种气体同果实的成熟密切相关。许多植物都会自然地释放出天然乙烯，香蕉是最有代表性的，据史书记载，古埃及人便用香蕉来催熟无花果。与此类似，传说古代中国人在封闭的房间里焚香，可使半生的梨子较快地变熟。今天，人们用乙烯诱导法来催熟苹果和番茄，或促使菠萝果同步成熟。

科学家还发现并分析了其他类型的植物激素，试图寻找它们可

植物生长素对促进果实成熟有重要作用，如可催熟苹果

能给农业和园艺业带来的好处。例如，细胞分裂素可用于调节植物生长和预防叶片老化。人们发现，含有过量细胞分裂素的植物的老化进程延缓了，因此，通过控制激素水平，应当有可能延长叶片的生命期，使之继续进行光合作用，从而增进产量。烟草最主要的收成是叶子，因而是这种试验的最佳对象。

油菜素甾醇（brassinosteroid）也是一种激素，它可提高马铃薯、水稻、大麦和小麦等作物的产量。有趣的是，这种激素似乎在恶劣的环境下表现格外出色。它对在优良条件下生长的作物，几乎不产生什么影响；而在恶劣环境下，譬如在盐碱土壤中，相比未经处理过的水稻种子，经油菜素甾醇处理过的种子的产量优于预期。显而易见，通过研究水稻恶苗病，人们学到了很多知识。

岛屿特别容易受到侵略性植物的影响。阿森松岛的特有物种欧芹蕨在2003年时被认定已经灭绝了，肇因可能是铁线蕨侵占了它的栖息地。但后来人们在格林山的崖壁上发现了幸存的欧芹蕨

邱园正在实施一个保护项目，在阿森松岛为欧芹蕨营造一个适宜的栖息地，以便它能够重新形成一个自我维系的野生种群

从南美洲引进欧洲的马缨丹。1807 年开始在印度加尔各答植物园栽培，一百多年来大肆蔓延，严重威胁了柚木园的生长。在当今世界，有 650 个马缨丹杂交品种给 60 个国家的自然植物的生存带来了问题

欧洲山毛榉伸展枝叶，从太阳吸取能量。在这一过程中，关键的生物分子是叶绿素，它使植物呈现绿色

对于著名油画《干草车》中的树木景观，1970 年以后出生的人是完全陌生的，因为英国的榆树林完全被荷兰榆树病摧毁了

感染疫病的部分榆树枝条显示叶子枯萎的典型症状

来自南美洲的野生金鸡纳树皮，带有著名专家约翰·艾略特·霍华德的鉴定记录。从这种树皮中可提取治疗疟疾的药物奎宁

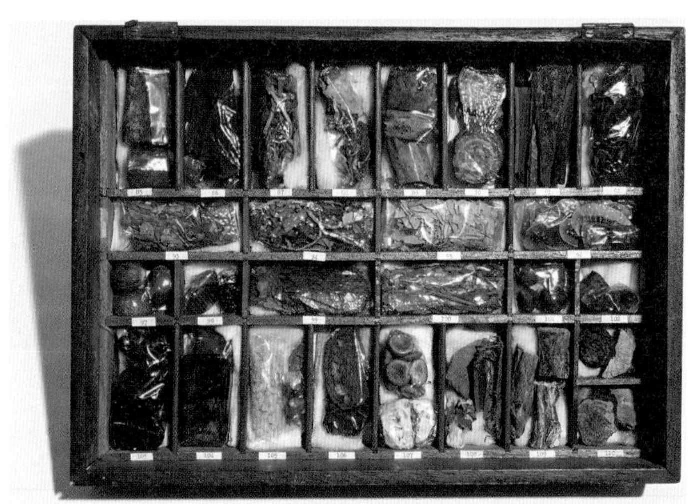

邱园和英国皇家药学会从19世纪40年代开始搜集各种天然药材，如树皮粉末、切碎的根茎、干燥的叶子和其他配制材料。这只药柜当年曾用来训练药学专业的学生

印度种植者在采集罂粟

巴西街头一个卖草药的小摊

位于中国河北安国的草药市场，安国是中国最大的中草药集散地

白玫瑰，以及白色花和黄色花的苜蓿，手工上色的木刻画，摘自巴西利厄斯·贝斯莱尔（Basilius Besler）的《艾希施泰滕药典》（*Hortus Eystettensis*），1613年

长叶玉蕊（*Gustavia longifolia*），植物画艺术家露丝·史密斯绘

1987 年的飓风给英国西萨塞克斯郡的韦园树木园带来了灾难

飓风也带来了意外收获，它更新了人们有关树木移植和保育的知识

一种很少见的非洲堇（*Saintpaulia teitensis*），它仅生长在肯尼亚的一个山坡上，该属植物中有四分之一到三分之一的物种濒临灭绝

肯尼亚莱基皮亚郡（Laikipia）的草原生态，近景是镰荚金合欢（*Acacia drepanolobium*）

在西非的布基纳法索采集种子有时需要爬树。“千禧种子库”的目标是到 2020 年储存有种子的物种达到全球植物物种的 25%。优先考虑那些地区独有的、具经济价值的或濒临灭绝的物种

2006年在马达加斯加发现了一个前所未知的棕榈物种——塔希娜棕榈。每年都有约2000种新物种被发现

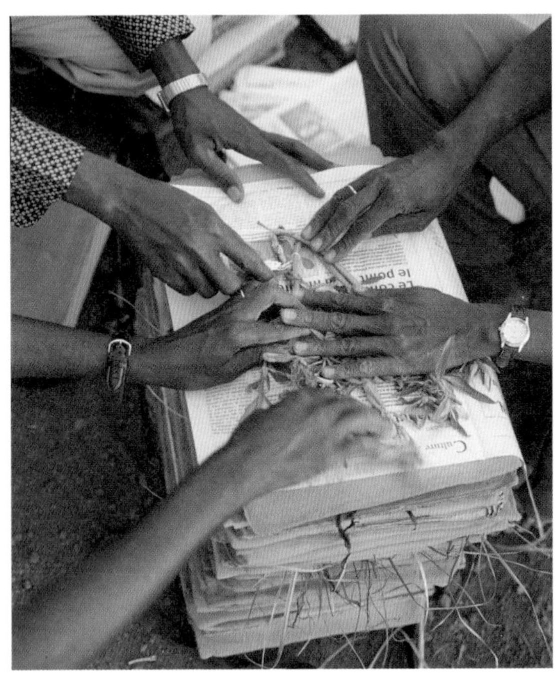

在马里进行野外考察的植物学家们将标本压在纸板中。每年有三万多件标本从世界各地寄到邱园

在纳米比亚的沙漠中搜集短身胡麻（*Sesamum abbreviatum*）的种子，它是当地特有的一个物种

地处马来西亚沙巴州（Sabah）的一处雨林。热带雨林是生物多样性最丰富的自然环境

巴西巴伊亚州（Bahia）的干枯河床和干旱景观。气候变化是当今面临的最大环境威胁

山药在热带和亚热带地区是一种主要的粮食，但人们往往忽视它而青睐其他作物

随着气候变化和人口增长给全球带来挑战，相比那些需要灌溉才能生长的作物，山药或许可以作为一种不错的选择

在马达加斯加种植水稻

蜜蜂的授粉功能对农业至关重要。在欧美国家，蜜蜂的数量大幅度减少。邱园的科学家们正在进行生物化学方面的研究，试图更好地理解蜜蜂被花朵吸引的机理，以便能让蜜蜂更有效地授粉

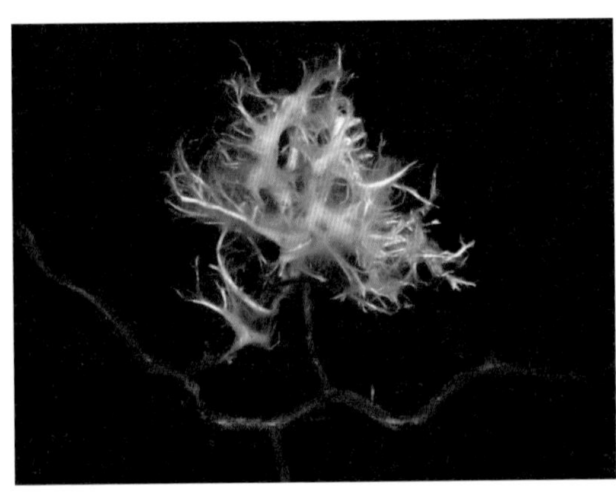

植物和真菌之间的关系是互利的，其中最重要的是“菌根”，即真菌生长在植物的根部，同植物形成一种共生体。据估计，九成的植物的生存依赖于菌根的作用

第 17 章

植物方志：全球物种大全

侏儒卢旺达睡莲（*Nymphaea thermarum*），露西·史密斯绘

植物学史上的杰作之一：《希腊植物志》，1806—1840 年

在邱园标本馆一楼，凉爽的图书馆里有一道玻璃墙，透过它可以看见一个巨大的恒温储藏室，里面保存着该馆最珍贵的收藏：用皮革装订的许多善本书籍，有些可追溯到15世纪末叶。《希腊植物志》（*Flora Graeca*）便是其中的一个代表。它是由牛津大学植物学家约翰·西布索普（John Sibthorp）和著名的奥地利植物插画家费迪南德·鲍尔（Ferdinand Bauer）合作完成的，1806—1840年陆续出版，凡十卷。书中有大量精美的版画插图，栩栩如生地描绘了当时已发现的每个物种，令人爱不释手。早在1786—1787年，西布索普和鲍尔就航行到地中海东部进行探险考察，但他们花了50年的时间才将研究结果公之于世。由于技术和财政困难，这部书当时只印了65套。然而，这一辛勤劳动的成果获得了后人的肯定，被认为是有史以来的植物学杰作之一，今天在公开市场上价值连城。

虽然这类植物考察典籍引人入胜，其中精美的手绘彩图令人赏心悦目，但它们的真正意义尚不在于金钱或历史价值，而在于记录了生物的多样性。这类早期的植物志（flora，也称植物区系）标志着人类开始认真记录和描绘某一地区或地方生长的所有物种，也标志着人类开始转变对自然资源的态度。这些史籍提供了一个参照基准，据此可以估测特定地点的被记录物种的出现或消失情况。尽管这类出版物的最初目标客户可能是一些富人——他们喜欢向人炫耀丰富渊博的世界知识，但它们的价值远远超过了作为少数富人的藏书。在 21 世纪的今天，这些经典文献仍在提醒着人们，世界各个地区的植物记录是非常有用的科学研究工具。

时至今日，编纂出版植物志仍是邱园的一项基本工作。植物志是指对在一个地理区域生长的所有野生植物物种（有时也包括引进的物种和侵略性物种）的详细普查和登记，其目的是帮助读者识别这些物种。尽管它被称为“flora”（本义为花朵），但是这种记录通常也包括非开花植物，如松柏、苔藓和蕨类植物。

在过去，植物志是装订成册的：有小开本的《野外植物手册》，便于携带到实地去鉴定植物；也有较厚大、较详细的合订本，适于在室内研读。在现代，出于经济和实用的考虑，许多植物志已在互联网上出版，或是做成了电子书，可以为没有机会访问图书馆的用户提供信息，而且便于通过小型手持设备在野外使用。

然而，无论最终形式是什么，编纂一部植物志仍然要遵循西布索普和鲍尔在 18 世纪末采取的步骤。首先，植物学家要亲自到有关区域进行考察，采集标本并详细记录在实地的发现。尤其是他们必须开发出一种系统，用于记录植物的逼真颜色，因为在图像绘制完成之前，植物标本是极有可能褪色的。此外，对于鲜活植物的标本，还必须想办法促使它继续生长。他们需要精心地保护被采集物种的所有细部，以便带回去进一步研究。最后，植物学家还必须记录植物的发现地点和采集日期。

植物学家带着搜集的植物返回后，下一阶段的工作便开始了。

搜集者坐在植物标本夹上休息，1930 年摄于南非北德兰士瓦省

必须正确地为该植物命名，赋予拉丁文学名。植物志也将列出这些植物的同物异名，以及用于形容它们的别称。有时可能会发生这种情况：某种植物以前被认为是一个独立物种，现在根据新的发现和认识，被合并到某一个物种之下了。植物记录也包括其他信息，例如花的色彩范围、果实的味道，以及该种植物偏好的生长环境。

邱园的非洲干旱地区研究组的负责人伊恩·达比希尔（Iain Darbyshire）解释说：

> 你是在混沌中建立秩序。一开始面对的是一大堆干标本，它们往往被错误地命名了，或者根本没有名字。这是一件非常有成就感的工作，有数以百计的标本要梳理，最终，每个物种都获得

了正确的命名，我们也掌握了如何识别它们的知识。这些信息对于从事实地考察的所有领域的专业人士都是非常有价值的，无论是土地管理者、生态学家、植物学家，还是科研人员。

植物志安排物种时，尽可能以全部标本为依据，不仅是最近搜集的标本，而且包括标本馆的收藏，有些藏品可能要追溯到17世纪。大多数植物志都会援引一系列审查过的标本，未来的研究者将很容易验证书中所记录的物种。植物区系除了对每个物种有详细的说明之外，还包括辨识的关键，以及每个物种的栖息地和分布信息，有时还记载了相关的保护情况。

《东非热带植物志》（*Flora of Tropical East Africa*）是邱园着手进行的最大的区系调查项目，它始于1948年，目标是鉴定乌干达、肯尼亚和坦桑尼亚这三个国家的所有野生植物物种。最初预计这一史诗般工程需要十五年，覆盖约7000个物种。21个国家的135位植物学家参与了这项工作，最终花了六十四年，在2012年9月完成，共普查登记植物12100多种，其中1500种是科学界前所未知的。仅在过去四年中就增加了114个新物种。《东非热带植物志》以书的形式印刷出版，凡263卷，在书架上占了约一米半长。

这一地区包含极其多样的自然栖息地，从塞伦盖蒂（Serengeti）的大草原、乌干达的热带雨林，到乞力马扎罗山（Kilimanjaro）山肩的高沼地，可以说，这里是热带非洲中生物多样性最高的地区，也是世界上植物种类最丰富的地区之一。这个地区的地方性物种（仅在某个范围或区域生长的植物）也非常集中。这些地方特有的物种显然是要优先保护的，因为如果它们在这个栖息地消失，便意味着在全球灭绝了。然而，在1948年这个项目开始之前，东非这一地区的植物完全没有任何登记清单。

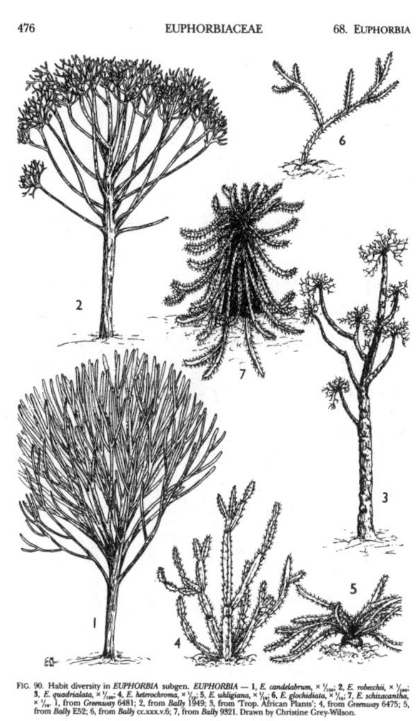

68. EUPHORBIA EUPHORBIACEAE 477

9. Branches of mature trees cylindrical and spinescence absent; involucral glands yellow; capsules purplish grey . . . *92. E. robecchii*
   Branches of mature trees 3–4-angled, with spines to 5 mm. long, rarely absent; involucral glands and capsules reddish purple . . . *93. E. lividiflora*
10. Branches 3-winged, conspicuously sinuate-toothed; cyathia reddish yellow . . . *95. E. wakefieldii*
    Branches 4-angled, ± straight edged; cyathia ivory-white . . . *96. E. quadrialata*
11. Terminal branches 5–6-angled; cymes 2-forked, with rays to 2.5 cm. long; cyathia and capsules crimson . . . *94. E. tanaensis*
    Terminal branches 2–5-angled; cymes 1-forked, with rays to 1.5 cm. long; cyathia yellow . . . 12
12. Leaves persistent on young growth, to 20 cm. long . . . *77. E. obovalifolia*
    Leaves semi-persistent on young growth, less than 2.5 cm. long . . . 13
13. Branches stoutly (3–)4(–5)-angled . . . *79. E. candelabrum*
    Branches deeply 2–4-winged . . . 14
14. Trees to 25 m. high; terminal branches 3–4-winged; spines to 2.5 mm. long . . . *78. E. cussonioides*
    Trees to 8 m. high; terminal branches 2–3-winged; spines to 10 mm. long . . . 15
15. Spine-shields triangular to 5 mm. long; capsule subglobose and fleshy before dehiscence, exserted on a reflexed pedicel ± 10 mm. long . . . *76. E. dawei*
    Spine-shields decurrent for 10 mm. or more; capsule deeply 3-lobed, erect on a pedicel ± 5 mm. long . . . *80. E. nyikae*
16. Branches deeply constricted into ± rounded or obovate-oblong segments, 5–20 cm. wide . . . 17
    Branches only slightly constricted into oblong segments with parallel sides, 2–4 cm. wide . . . 23
17. Branches all 3-winged, with segments often wider than long; longest spines to 8 cm. long . . . *86. E. breviarticulata*
    Branches 2–8-winged, with segments rounded or longer than wide; longest spines 1–4 cm. long . . . 18
18. Branches thinly 2–4-winged; horny margin 1 mm. or less in width . . . *80. E. nyikae*
    Branches 3–8-winged; horny margin at least 1.5 mm. wide . . . 19
19. Branch-segments at least 8 cm. wide, deeply winged . . . 20
    Branch-segments to 7 cm. wide, shallowly winged . . . 22
20. Branches rarely rebranching, 4–6(–8)-winged; capsules ± 6 × 10 mm. . . . *83. E. cooperi* var. *ussanguensis*
    Branches rebranching, 3–5-winged; capsules at least 9 × 19 mm. . . . 21
21. Branches predominantly 3–4-winged; capsules deeply 3-lobed, ± 9 × 19 mm. . . . *81. E. bussei*
    Branches predominantly 4–5-winged; capsules shallowly 3-lobed, 12 × 22–25 mm. . . . *82. E. magnicapsula*
22. Terminal branches 3–7 cm. wide; cyathia subsessile; capsules ± 6 × 9 mm. . . . *84. E. hubertii*
    Terminal branches 2–5 cm. wide; cyathia on peduncles 2–7.5 mm. long; capsules ± 7.5 × 12 mm. . . . *85. E. adjurana*
23. Terminal branches 4-angled; capsules subsessile . . . *97. E. dumeticola*
    Terminal branches (4–)5(–6)-angled; capsules exserted on a reflexed pedicel ± 7 mm. long . . . *98. E. quinquecostata*
24. Capsule subsessile, or only shortly exserted on an erect pedicel . . . 25
    Capsule exserted on a reflexed pedicel . . . 30
25. Stems and branches 2–5-winged or deeply angled, 2.5–12 cm. wide, usually constricted into segments . . . 26
    Stems and branches ± cylindrical or 4–8-angled, rarely more than 2 cm. wide, not constricted into segments . . . 43
26. Spine-shields forming a continuous horny margin . . . 27

有史以来最大的植物志项目《东非热带植物志》的内页，记录植物总数达 12100 多种

因此可以说，启动一个植物志项目，能够有效地吸引人们对那个地区的关注和研究，并开展保护工作。《东非热带植物志》项目的前负责人亨克·毕恩特（Henk Beentje）曾重点展示了一些珍稀植物，其中包括一种来自坦桑尼亚的植物，它仅生长在某个山坡上。他说：“你可从植物志中获得植物物种的名称，而且能跟有关的野生物种联系起来。但如果没有植物志，你便不能与他人沟通，甚至无法着手进行研究。”伊恩·达比希尔补充道：“我们首先必须掌握一些基本信息，包括一个地区整体的物种多样性如何，这个地区内哪些地带最具多样性，哪些物种是最珍稀的、受到威胁最大的等。没有这些信息，便不能有效地保护植物，也不能确定保护项目

的轻重缓急。此外，我们还需要找出威胁性强的侵略性物种，记录它们最初出现的地点，以及现在蔓延到哪里。”

在自然保护区，植物志提供的资料是用来同大企业（诸如建筑和采矿等）进行谈判的重要工具。亨克·毕恩特说：“非洲东部的很多地方正在开发中，这就是我们需要对那里的所有物种进行普查的一个原因。”内罗毕（Nairobi）的植物学家昆廷·卢克（Quentin Luke）是一位自由职业者，同肯尼亚博物馆有合作关系，也是邱园的荣誉研究员。他解释说：“我做的工作是对环境影响进行评估，包括对采矿、修路及其他各种开发项目的评估。在植物志还没有完成的地区，搜集植物标本是比较盲目的，往往是回到基地后才发现遗漏了珍稀的物种。如果有了植物志，在野外勘察时就可当场理出头绪。假如你能够提供有力的证据，显示在受到影响的地区保护某些物种的重要性，有关企业就必须采取相应的措施。”

植物志记录的有些事实也会让人意想不到。譬如非洲堇（African violet，也称非洲紫罗兰），是非洲地区的一个标志性物种，在英国是非常受欢迎的室内盆栽植物。植物学上所称的非洲堇属（*Saintpaulia*）植物，其园艺业种植和商业贸易额每年达7500万美元，主要是杂交品种，是世界贸易中经济效益极大的植物。然而，非洲堇野生物种的情况显示出很大的反差，长期从事植物志工作的伊恩·达比希尔描述说：“世界上的非洲堇属植物不到十种，全都受到灭绝的威胁。它们原生于肯尼亚和坦桑尼亚，极为罕见，仅生长于低海拔森林的一小片地区。非洲堇已成为该地区最需要保护的旗舰种群，因为它同非洲物种最丰富的森林的命运息息相关。”

当被问及是否真正完成一部植物志时，亨克·毕恩特的回答很明确：“不，你需要不断地更新。一旦出版了一本植物志，人们便开始运用书里的信息去发现和搜集植物，这通常会增加新的记录，有时甚至发现新的物种。至今我们仍会在东非发现新物种。”

传统的植物志包含的植物信息有时是不完整的。例如，植物的当地俗名常常被排除在外，而对于研究当地药用植物的民族植物学家来说，这可能恰恰是最有用的信息。在互联网上发表新的植物志的优势之一是，人们可以频繁地利用超链接来搜索相关的知识。

今天，邱园是创作植物志电子书的积极倡导者，目标是充分利用邱园的专长，扩展人们获取植物学知识的渠道。例如，《赞比西植物志》（*Flora Zambesiaca*）是内容涵盖了整个赞比西河流域（包括赞比亚、马拉维、莫桑比克、博茨瓦纳和津巴布韦）的植物物种记录，现已实现电子化，并可在线阅览。邱园也与其他植物园分享了制作和管理电子植物志的新技术。那些植物园同样具有雄心勃勃的开发计划。如《马来群岛植物志》（*Flora Malesiana*），涵盖从印度尼西亚到巴布亚新几内亚的东南亚大部分地区的植物，其电

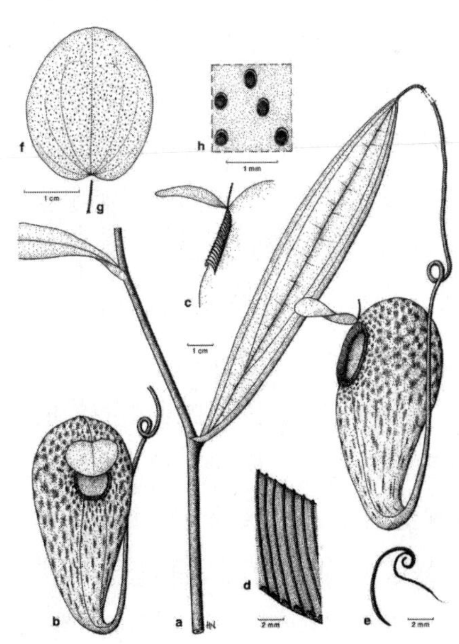

《马来群岛植物志》的在线插图，猪笼草属（*Nepenthes*）植物的绝大部分位于马来群岛

子化工作由该领域最负盛名的权威——荷兰的莱顿植物园（Leiden Botanic Garden）担任。邱园正在同世界一流的其他机构联手，致力于实现一个宏伟的目标：到 2020 年，将全世界的植物志载入互联网。

然而，有一点不会改变：植物志里描绘植物的方式将继续沿用传统的手法——由植物画艺术家来绘制图片。今天，人们即使能够通过互联网和手持设备，将植物志传播到地球上最偏僻的角落，但照片终究不能替代图画。

露西·史密斯（Lucy Smith）是邱园的一位植物画艺术家，她向人们讲解了自己的工作程序。近日来，她一直在借助显微镜绘制一张新的草本植物标本。“我从宏观尺度入手，逐渐地缩小到微观尺度。首先，画出我们称之为植物的‘惯常形态’。假如是一棵树或一丛灌木，我或许就先画出长着几片叶子的树枝，枝上有一些花朵或果实；但假如是一株草，我便画出整棵植物，展现根须、根状茎、茎、叶及其连接枝茎的方式，最后还要画上一些花朵。”

“也就是说，”她继续说道，“我先展示出植物通常的整体形态，再画出花朵的一个特写镜头，还有草叶包裹叶鞘的特写。然后，我描绘开花的细节，因为对于确定物种之间的差异来说，这些细节至关重要。接下来，我画出小花和围住它们的苞叶。有些花简直小巧到了极点；我现在画的这种花直径大约是 5 毫米。”露西很清楚植物画艺术家面临的挑战：“在邱园，植物画艺术家的技巧发挥了至关重要的作用。因为提供给我们的很多标本在野外采集时就被植物压制器压过了，带回来时并非处于最佳状态；它们的叶子有时折叠和卷曲了，有时破碎了。所以，你必须运用自己的绘画技巧让植物恢复原态，使之看上去栩栩如生。”

要想对任何物种进行视觉性描述，艺术家的精心加工和诠释

2009 年在肯尼亚新发现的欧西加瓦茄（*Solanum phoxocarpum*），露西·史密斯绘

是不可或缺的，这也是植物志采用绘画方式的重要原因。露西说："你需要删除植物的某些多余的细节，专注并突出那些真正需要注意的重要性状。在鲜明地保留关键特征的同时，也可以做一些编辑加工。这是一种去芜存菁的工作。通过摄影作品，人们只能看到植物的一个侧面，它生命过程中的某一时刻。而在绘画作品中，植物的所有部分都被展示出来了，完全依照真实的比例，一幅图像囊括了植物的各个部分和所有细节。"

这一奇妙的、古典的绘画技艺在图书馆的收藏中随处可见。在邱园进入 21 世纪之际，即使是在最现代的植物志中，插图仍然是一个基本要素。当世界植物志最终大功告成的时候，植物画艺术家绘制的插图必将是其丰富内容的核心部分。

第 18 章

树木之道：老栎树因祸得福

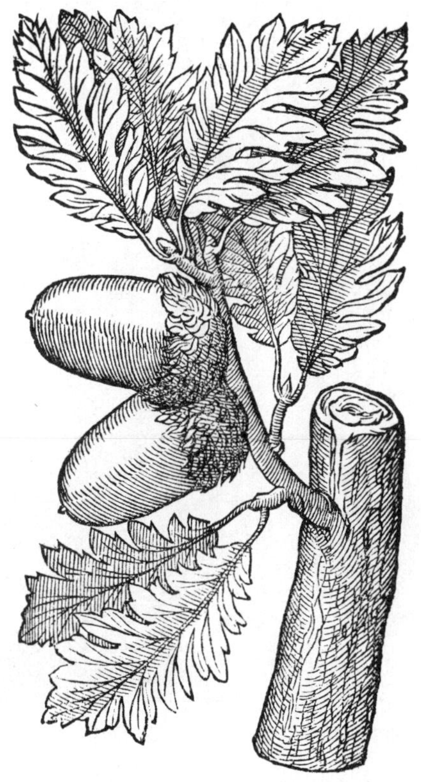

栎叶和栎实，摘自约翰・杰勒德的《草药或植物通史》，1633 年

飓风之后运到邱园的一棵新树

1987年10月16日凌晨，一场时速达110英里的飓风席卷了英格兰南部，短短几个小时之内就摧毁了大约1500万棵树木。然而，邱园的一棵栎树（oak，俗称橡树）不仅依然挺立，而且它的神奇命运改变了人们对植树和护树的认识及实践。

特纳栎树（*Quercus*×*turneri*）是夏栎（*Quercus robur*）和圣栎（*Quercus ilex*）杂交的后代。它是由邱园的园丁特纳（Turner）在1783年培植出来的，故而命名。1798年，特纳帮助邱园的创始人奥古斯塔公主将这棵栎树移植到它今天所在的位置。1861年，威廉·胡克爵士在栎树附近开辟了一个小湖；后来，威廉的杰出儿子约瑟夫又在湖的沿岸增种了大量树木。

这棵特纳栎树的枝条伸向四面八方，形成一个巨大的华盖。在过去的两个世纪中，栎树的脚下成为深受游客喜爱的一个歇息场所。但是，在那场黑暗的飓风席卷而来，暴雨肆虐之时，发生了一件人们绝对意想不到的事：老栎树先是被猛然地向上拔起，脱离了岁月悠久的泥土怀抱；然而，就在它即将颓倒下去的那一刹那，竟然又垂直地落回了原来的坑中。事实上，并没有人在场见证那一刻发生的事情，这只是人们后来的推断。

第二天早晨，雨过天晴，邱园里一片凄惨景象，700 多棵树木“尸横遍野”，它们的根系全部暴露在外。这场大灾难破坏了这么多的树木，清理工作自然十分艰巨，园丁们根本顾不上专门关注那棵老栎树，尤其是因为，在暴风雨到来之前它就已经日见衰微了。今天，站在这棵栎树脚下的护根木屑上，邱园树木园的主任托尼·柯卡姆向人们讲述了它的故事：“飓风之前它就已经在走下坡路了，树冠非常单薄，生出了很多徒长枝（主干和枝杈上的吸枝），看上去病入膏肓，它大概正在死去。所以，我们就决定把它放在最后来处理。清理 700 多棵树总共花了三年时间；当我们终于腾出手来检查那棵特纳栎树时，奇迹出现了，我们看见的是一棵健壮茂盛、欣欣向荣的大树！”

邱园的团队开始搜集各种线索，寻找奇迹产生的原因。最后，园艺家们找到了答案：200 年来，由于游人们常常聚集在特纳栎树下歇息，长年累月的踩踏，导致栎树根基周围的土壤硬化，毫不透气。“这棵树的根基部土壤存在严重的压实问题。然而，一夜之间，土壤松动了，”柯卡姆解释说，“飓风非常剧烈，它撼动了大树的根球，打开了地面，从而大大增强了空气和水的流动性，这棵树由此获得了新生。自那场飓风以来，它长大了三分之一。”

突然间同时倒下的 700 棵大树为植物学家们提供了一个特殊的研究机会。邱园建立了树根调查项目，专门检验众多物种的根系。一个重要的发现是，树根扎进土壤的程度是很浅的，同园艺家的老话“地上有多高，地下就有多深”恰恰相反。事实上，最新的观点认为，温带树木的根一般也就是一米深，甚至更浅。

翻倒的根盘显示，大部分树木都因根土不透气而受到了损伤。对此，托尼·柯卡姆想出了一个解决办法，即利用一种叫作“土地泵”（Terravent）的工具来为树根松土，这种工具过去是用于疏松运动场地的。“今天，我们使用的是另一种工具，叫作‘风铲’（Airspade），它实际上是模仿1987年的飓风效力，只是没有那么剧烈。风铲把压缩空气吹到地下，”柯卡姆解释道，“它可以松动坚硬的土壤，但不会切断根茎。经过风铲疏通，大多数树木的健康都显示好转迹象。现在，全世界的园林业已普遍使用这种技术。”

根部调查带来的另一个改变是，邱园的种植者开始将树坑挖成方形的了。“以前种树都是挖圆形坑，因而树不能长出强大的根系，我们不得不用木桩来支撑树干，”柯卡姆解释说，“然而，你在苗圃里观察即可发现，当把一棵树栽在一个圆盆或圆坑里时，它就会生成不向外延伸的螺旋根。根须向外延伸要寻找突破点，而最易突破的是拐角，拐角越多，根须突破的机会就越多。假如有四个角，就有四个潜在的突破点。所以，我们便开始采用方坑植树法。”

根部调研的结果促使邱园改用方坑植树法

这么多的树在同一时间暴露了根部，有助于人们更清楚地理解树木是如何保持直立的，尽管它们的根扎得并不深。“树木离不开风，”柯卡姆指出，“人们都以为刮风可能会对树不利，但实际上，树必须不时地摇动、弯曲枝干，才能很好地直立。以前我们把树种下去之后，总是过度地采用支撑桩，使得它们无法摇动，其实这不利于树木发展强壮的根系。关键在于保持平衡感和摩擦力。今年我们种了200棵树，没有一棵是加了支撑桩的。”

最重要的是，1987年的飓风为邱园提供了一场有益的天然大扫除。人们利用这一千载难逢的机会，重新规划了树木园的发展远景。在对树木进行全面考察的过程中，发现了木本植物搜集的一些空白点。邱园本身有一个树木园，另外还有一个位于韦园的温带树木园，地处西萨塞克斯郡乡村，占地465英亩，当时由马克·弗拉纳根（Mark Flanagan）负责管理。这两个树木园采用的是不同的种植原则。

韦园树木园当时遵循的是植物地理学原则，总体来说，它是以物种的发源地和地理分布为依据的一个种植系统，是由阿尔弗雷德·拉塞尔·华莱士（Alfred Russel Wallace）等专家设计的。华莱士除了同达尔文合作发现了自然选择原理之外，还着重研究物种多样性的地理格局。他在韦园营造出了一个引人入胜的景观，使游人仿佛身临其境，在世界各地的森林里漫步。“这里相当于一幅全球植被图，”柯卡姆解释说，“在韦园，你可以观赏到各个国家特有的树木，好比是环游世界，先在美国漫步，然后南下去墨西哥观光，再越洋抵达亚洲。”

韦园采用的这种“地理种植法”并不是新创的，在1987年的飓风之前就有人采用，例如杰拉尔德·洛德（Gerald Loder）于1902—1936年建立的南半球植物园（Southern Hemisphere Garden），以及美洲、亚洲和欧洲在1965—1987年建立的一些大陆植物园，均采用的是这种种植法。

韦园树木园中的明星植物包括国家收藏的亚洲桦树和假山毛榉（又称南青冈木）。后者主要有两个品种，粉绿假山毛榉（*Nothofagus glauca*）和亚氏假山毛榉（*Nothofagus alessandrii*），它们在自然栖息地均受到灭绝的威胁。园中也有英国的一些极罕见物种，如普利茅斯梨树（*Pyrus cordata*）和花楸属（*Sorbus*）的珍稀小种（microspecie，指与亲缘类型显然有别的地方性物种），包括欧洲花楸（rowan）、服务树（service tree）和白面子树（whitebeam）。

树木园主任安德鲁·杰克逊（Andrew Jackson）说，1987 年的飓风之后，我们从《世界的植物区域》（*Floristic Regions of the World*）一书受到启发，开发出了一种“先进得多的种植方案，顺带还学到了关于板块构造、冰河期幸存植物、协同进化等有趣的知识”。该书的作者是亚美尼亚植物学家阿尔缅·塔赫塔江（Armen Takhtajan），他于 1991 年亲临韦园，目睹了这一新种植法的实施。

像邱园的柯卡姆一样，杰克逊认为，韦园从那场大飓风中获益匪浅，尤其是获得了大量有趣的新物种。他说：“飓风后搜集的温带树木或许是有史以来最大的一批。这些新增的树木来自世界各地，包括中国、日本、巴基斯坦、澳大利亚、新西兰、阿根廷、智利、墨西哥、美国、加拿大、俄罗斯、土耳其和一些北非国家。其中大多数是由邱园的园艺家从野生物种成功驯化而来的。”

与韦园采取的“地理种植法”不同，邱园树木园在飓风后的重建体现了约瑟夫·胡克在 19 世纪使用的分类法。胡克和乔治·边沁在《植物属志》（*Genera Plantarum*）一书中全面介绍了这种分类法。该书描述了 7569 个属和大约 10 个种子植物物种，它们中的绝大多数已被收藏在邱园的植物标本馆里。邱园除了基本采用 19 世

700 棵倾倒的树木为邱园提供了一个研究根系的难得机会

纪的分类法，也参照了被子植物种系发生学组织（APG）订立的新分类法——APG Ⅲ，这是根据 DNA 分析来确定植物之间演化关系的现代研究方法（参见第 21 章）。就树木的分类来说，APG Ⅲ跟约瑟夫·胡克的系统非常相近，正如柯卡姆指出的："我们在树木园继续沿用胡克的分类法，既是出于保留历史传统的考量，也是符合科学规律的。"

在韦园和邱园，飓风后再造树木园取得的另一项成果是植物搜集。"一个探索植物的新时代开始了，其主要目标是现有植物收藏中比较薄弱的地区，包括中国大陆、台湾地区、韩国、俄罗斯远东地区，"柯卡姆说，"我们还想重返一些地区，如日本列岛和高加索地区，做补充搜集的工作。"

然而，邱园最新一代植物搜集者瞄准的不仅是那些遥远地区的物种，也包括英国本土的树木，如兰开斯特白面子树（*Sorbus*

lancastriensis)。“虽然邱园目前还没有一棵白面子树，但在坎布里亚郡（Cumbria）的阿恩塞德（Arnside）和康福斯（Carnforth）附近有2000多棵。是的，我们的确远赴中国，但家门口的有些树木也很有价值。在本地的森林里就能学到很多东西，”柯卡姆热情洋溢地说，“你会发现树木需要什么，以及不同种类的树是如何生长的。你可以观察到植物之间的关系，树能长多高，它们是否生长在河流附近，等等。这真能令你全神贯注。”

在飓风之后的重新种植过程中，还发生了一件引人瞩目的事情，邱园获得了一棵不同寻常的树，即所谓瓦勒迈杉（*Wollemia nobilis*），它与猴见愁树（monkey puzzle tree）同为南洋杉科（*Araucariaceae*）的古老针叶树。人们过去只是通过化石记录知道有这种树，以为它早在200万年前就灭绝了。1994年，大约100棵澳大利亚品种的瓦勒迈杉被新发现了，它们位于距悉尼约100英里的瓦勒迈国家公园的一个温带雨林峡谷里。

1997年，在那场飓风过去十年之后，悉尼的皇家植物园赠送给邱园两株瓦勒迈松幼苗和30粒种子，这些种子被储存在韦园的“千禧种子库”。2005年，两株幼苗长成了小树苗，其中一株由戴维·阿滕伯勒（David Attenborough）爵士种在了邱园里，另一株则在韦园的“南半球植物园”安了家。这是瓦勒迈松树苗首次被栽种在澳大利亚境外。

如今，它们都长成了健壮的树木，为邱园的科学家提供了一个研究活化石的机会。瓦勒迈松非常罕见，除了一些基本知识，例如雌雄球花繁殖、生长缓慢、长寿等特点外，人们对它了解甚少。澳大利亚的一些瓦勒迈松估计已有500—1000岁。邱园的参观者如果希望很久以后种植瓦勒迈松的话，可以先在邱园维多利亚门的大门商店里买一个标本，自己对它做一些研究。

对于任何喜爱树木的人来说，种植生长缓慢的瓦勒迈松绝对是一个长期工程。不过，飓风之后发生的一切也说明，丧失了的时间是可以弥补回来的，正如柯卡姆所透露的。“邱园种植的树木中有90%是1987年以后完成的，”他指着郁郁葱葱的树木景观对参观者说，“老树艺师常说‘前人栽树，后人乘凉’，事实上也不尽然。”

显而易见，对邱园来说，从1987年的那场飓风可以说因祸得福，研究者既增长了知识，又获得了大胆改革的新思路。仅以邱园著名的林荫大道（Broad Walk）的变化为例，它最早建于1845—1846年，由景观建筑师威廉·安德鲁·内斯菲尔德（William Andrews Nesfield）设计。内斯菲尔德以营造壮观的喷泉水景而闻名，例如在伍斯特郡（Worcestershire）的有120个喷嘴的威特利庄园喷泉（Witley Court Fountain）和在邱园北端的威尔士亲王喷泉，都出自他之手。他的杰作还包括位于霍华德城堡（Castle Howard）的约克郡树木园（Yorkshire Arboretum）。林荫大道建成后，很快便成为邱园最具代表性的景观。然而，它也见证了树木遭受的厄运。由于伦敦出现的严重空气污染，加之干燥的土壤，内斯菲尔德当年种植的雪松（*Cedrus deodara*）均逐渐丧失了活力；20世纪末种植的大西洋雪松（*Cedrus atlantica*）的生长状况也不理想。之后，邱园又用北美鹅掌楸（*Liriodendron tulipifera*）取代，但同样以失败告终。

飓风之后，邱园总结并汲取了教训。2000年，它移走了全部树木（仅留下两棵北美鹅掌楸），重新栽种了16棵大西洋雪松幼苗。这些雪松是来自摩洛哥阿特拉斯山脉（Atlas Mountains）的特殊品种，能够适应邱园的特定环境。今天，林荫大道两旁的树木枝繁叶茂，欣欣向荣，完美地展现了内斯菲尔德当初的创意。如柯卡姆所说：“如果没有1987年的飓风提供动力，我们不会做出这些变革。”有句老话说得好：凡事利弊并存，福祸相倚。

第 19 章

生命之囊：种子库的使命

马耳他矢车菊（*Centaurea melitensis*）的种子

长叶车前（*Plantago lanceolata*）的种子

种子是孕育生命的仓囊。它们的大小、形状和色彩千变万化，反映了植物在数百万年中，为了最大限度地提高自身在特定环境中生存的机会，而逐渐形成的适应能力。植物的种子，只有在达到特定条件时，包括温度、湿度、火烤或有根菌存在等，才能萌发和生长。沃尔夫冈·斯塔佩（Wolfgang Stuppy）是“千禧种子库”的一位种子形态学家，他对自己的研究对象充满激情：“种子可以提供很多信息，包括植物的生存方式、长期以来的演化过程等。假使种子不能完成其使命，那么该物种就会灭绝。所以说，你今天看到的每株植物，都是其自然栖息地的产物。当你在野外看到千奇百怪的种子时，常常会惊叹大自然的神奇。”

今天，包括“千禧种子库”在内，全世界大约有 1750 家种子库。正如我们在第 14 章中了解到的，早在 20 世纪初，俄罗斯和美国就建立了种子库。种子收藏家们，如尼古拉·瓦维洛夫，意识到农民几百年来选择育种的做法逐渐降低了作物的遗传多样性，因而，植物学界开始试图挽救农作物的含有基因多样性的野生近缘种。到了 20 世纪 80 年代，因为过度砍伐、城市化、人类导致的气候变化等日益严重，人们将注意力转向了野生植物及其生态系统的命运。1992年，联合国环境与发展会议（United Nations Conference on Environment and Development）在里约热内卢地球峰会上缔结了《生物多样性公约》（The Convention on Biological Diversity），其中第九条建议，缔约方应同时采取“就地”（*in situ*，在自然生境中）和“异地”（*ex situ*，在自然生境之外）两种生物多样性的保护措施。种子库便是一种异地保护植物遗传物质的方法。

现代种子库的规模不一，小至各个植物园的存储设施，大至重要的国际保存计划。斯瓦尔巴全球种子库（Svalbard Global Seed Vault）建立在北极的一座大山里，专门收藏全球各个种子库的农作物种子的备份样本。“千禧种子库”也储存野生物种的种子，包括可食用的和非食用的，其目标是到2020年，储存种子的物种达到全球植物物种的25%。它优先考虑的是那些特定地区独有的、具经济价值的和濒临灭绝的植物物种的种子。

“植物处于食物链的最底层，它为各种生物乃至最顶层的人类提供食粮，”“千禧种子库”的主席保罗·史密斯解释说，“植物有助于土壤形成和养分循环，它为人类提供住房、药物和燃料。尽管如此，根据《千禧年生态系统评估》（Millennium Ecosystem Assessment，2001—2005年对地球生态系统状况所进行的评估）的统计，已知植物物种的四分之一到三分之一，即6万—10万个物种，正受到灭绝的威胁。”

在试图为后代保存植物物种的努力中，种子库必须正确处理两种不同类型的种子。一种是耐储型种子，它们往往是小籽粒的，可以耐受干燥的环境，而且在发芽前可存活很长时间。70%—80%的植物生产的是耐储型种子。“千禧种子库”将此类种子干燥后冷冻在-20℃，以减缓新陈代谢，并保持其存活。种子冷冻之前必须充

邱园千禧种子库的地下储存库入口，储存库的设计使用寿命为五百年

分干燥，否则所含水分会结冰，破坏种子细胞，导致其无法发芽。

除此之外，剩下的20%—30%便是不耐储型种子。它们往往籽粒比较大，外壳较薄，有迅速发芽的倾向。结出此类种子的植物通常生活在潮湿的栖息地，如热带雨林。不过，有些生长在非潮湿地区的植物，如栎树和马栗树（horse chestnut）的果实也是不耐储的。如果让此类种子干燥，它们就会死掉，因此，“千禧种子库”的科学家采取了另外的保存方法。他们首先把每粒种子的胚胎部分小心地分离出来，进行化学处理以防止结冰，然后再储存在 −196℃的液氮中。当需要激活胚胎时，便用人工方式给它提供食物来源，以替代种子自身或其栖息环境中通常提供的养料。

种子可以存活很长的时间。已知的最古老的一种是以色列梅察达（Masada）的枣椰树（date palm）种子，它发芽时已有2000岁。

“千禧种子库”中成功发芽的最早的植物种子来自于200年前的植物母体。它们是1803年由荷兰商人扬·蒂林克（Jan Teerlink）搜集的，地点在位于南非的荷兰东印度公司植物园。蒂林克把40个折叠的纸包放在一只红色皮夹里，登上了停泊在开普敦的“亨里特号”（*Henriette*）轮船。这艘船的目的地是荷兰，但在途中被英国人截获。虽然英国人将蒂林克释放了，但他们缴获了船上的所有货物和文件，包括那个装有种子的皮夹，并把它们送到了伦敦塔。后来，装种子的皮夹又被转移到邱园附近的英国历史档案馆（Public Records Office），直到2005年被一位荷兰研究员重新发现。科学家们成功地促使这些种子发芽，培育出了几种植物：宽叶薄荚豆（*Liparia villosa*）、枕形山龙眼（*Leucospermum conocarpodendron*）和一种金合欢属（*Acacia*）植物。金合欢和山龙眼一直存活至今，后者长成了茂盛的灌木丛，高达一米左右。

“千禧种子库”目前储存的种子中保存期最长的为40年。科学家们每十年对各储存库里的物种样本进行一次测试，确保它们仍然能够发芽。他们还进行一种“加速老化”实验，以确定不同种子的寿命。这需要让种子复水，然后放进诸如高湿高温等恶劣环境中。“加速老化”的研究可得出一个“种子存活曲线”，从而预测它们当中有多少可能会在未来的给定时间内发芽。然后，可将种子样品的预测寿命与相同条件下的标记物种的已知寿命进行比较。

“我们已经对许多农作物物种进行了这项实验，”史密斯说，“在这类环境条件下，甜菜种子的预计寿命可达一万年，而莴苣种子的预计寿命只有几百年。人类可以说是非常幸运的，因为我们赖以生存的大多数农作物的种子都是长寿的。不过，也有些种子相对短寿，例如，温带的小胚胎物种往往仅可存活几十年，而不是几千年。我们正在寻找其中的原因，以及需要注意的问题。”

种子库里的玻璃瓶中储存了20多亿粒种子，目前储存最久的已超过40年

要想在现实社会中很好地利用种子库的储藏，理解种子的质量和寿命是非常重要的。“生态种子”（Ecoseed）项目正在研究气候变化在作物生长过程中对种子质量的影响。这个小组已考察了减少水分供应对向日葵的影响，并且开始研究受到减水影响的向日葵所结下的种子的发芽能力、籽粒大小和寿命。“我们可能会发现，是人为的环境变化影响了可储存种子的原有特性，”“千禧种子库”种子保护部研究主管休·普里查德（Hugh Pritchard）解释说，“我们也可能会得到一个令人不快的答案，那就是，事实上，是全球的气候变化导致种子不能很好地储存和保持活性。”

这种气候变化对植物到底会产生什么影响是很难预料的。一般的预测是，山区的物种，如果要在已经适应的条件下生长的话，就会迁移到海拔更高的地带去。其结果是它们的数量将逐渐减少，因为最终将没有更高的地方可以迁移。不管怎么样，邱园对意大利撒丁岛的酿酒葡萄野生亚种（*Vitis vinifera* ssp. *sylvestris*）的研究结果表明，相比那些生长在几百米高山坡以下的植物，生长在海拔最高地带的植物所受到的影响更小。这是因为葡萄籽必须在冬天经过一个寒流期，才能在春天打破休眠状态。如果温度降低得不够，种子就不会发芽，在春天自然生长的可能性就会降低。而在海拔较高的山上，由于气温足够低，所以寒流仍然会如期出现。

气候变化、森林砍伐和城市化都对世界的生态系统产生影响。邱园的一个重要作用就是同众多合作伙伴共同努力，帮助生物多样性退化的栖息地得以复原。

1500 年前，利马牧豆树（*Prosopis limensis*）在世界上最干燥的沙漠里生长，由于它的根须特别长（有的超过 50 米），能够吸收深层地下水，从而可以在干旱的环境中生存。它使伊卡谷（Ica Valley）的土壤保持肥沃和湿润，同时为人和牲畜提供食物。在哥伦布发现美洲之前的纳斯卡（Nazca）文明时期，那一带的茂密树林防止了土壤遭受侵蚀，降低了沙漠的高温。但是后来，纳斯卡原住民被迫砍伐树林，清理出土地来发展农业。一旦森林砍伐达到一个临界点，脆弱的生态系统便被摧毁了，暴雨洪涝和沙漠风暴频繁地出现。曾经繁荣的纳斯卡文明消亡了。在相当长的时间里，唯一残存的就是他们的祖先在沙漠中留下的足迹。

不过，今天伊卡谷的利马牧豆树森林开始重现生机。在秘鲁工作的邱园科学家们将可使种子成功发芽的程序介绍给了当地社区，帮助他们复原利马牧豆树及相关的森林物种，并且在伊卡国立大学的农学系建立了一个苗圃。该苗圃每年生产一万棵左右的原生树种和灌木幼苗，将新的绿色生命带回沙漠，从而为伊卡谷的 70 万居民提供食物、木材和燃料。

种子可以提供有关往昔生态系统的一些令人惊讶的信息，这对

在秘鲁种植利马牧豆树

尝试恢复栖息地或许是有帮助的。虽然栖息地会随着时间的推移而有所改变，但植物的进化是缓慢的，所以种子的一些特征可能同已在数万年前消失的生态系统有某种关联。

在恢复原生态的项目实施过程中，特别需要考虑的可能就是种子的传播媒介。以大王花为例，众所周知，这种东南亚热带雨林植物的花朵是世界上最大的。然而，关于它的肉质果实人们还了解得不多，它跟葡萄柚差不多大，直径可达 15 厘米。

“我从来没有发现任何文献提到过大王花的种子是如何传播的，”沃尔夫冈·斯塔佩说，“有人认为是由啮齿类动物传播的，因为见过它们吃大王花的果实。然而，尽管有各种各样的动物吃果实，但并不意味着它们就是种子的传播者。有的文献说，大王花的果浆味道很像酵母，这是在非洲大象领地里生长的水果的一个特征。大象这类的哺乳动物识别颜色的能力不强，但嗅觉非常敏锐，因此我立刻意识到，这种果实的籽粒是由非洲象传播的。这种大象已濒临灭绝，在大王花生长的地带几乎不存在了。为了恢复原生态，人类就不得不介入；只要你希望这种物种继续存在，就得去种植它，或者想办法让传播种子的动物恢复生机。”

斯塔佩的这一理论并不像乍听上去那样不着边际。科学家在非洲大象消失的地区做了调查，结果显示，依赖大象来传播种子的植物种群已经缩小了。大象传播的植物果实一般来说果肉较小，并有很大的硬核，所以不易被其他动物吃掉。卤刺树（*Balanites aegyptiaca*）的果实，亦称沙枣（desert date），即是其中一种。研究人员发现，在缺少大象的环境中，卤刺树种子的萌芽率降低了95%。

在没有大象的情况下，虽然有一小部分未经传播的卤刺树的种子也会发芽，但其幼苗的成活率只有16%。似乎只有非洲象才能提供有效的传播服务，从而保证这种罕见的树种得以维系，甚至帮助它扩大群落。这项研究表明，假如种子的传播机制受到阻碍，便可对植物造成毁灭性的影响。

斯塔佩最后补充说：“种子的散播是植物一生中唯一的一次‘旅行’，所以这是它生命的一个决定性时刻。这就是为什么种子具备各种非凡的适应技巧，能够借助于各种媒介，诸如风、水、动物和人类等，让自己广为传播，四处生根发芽，后代绵延不绝。”

第 20 章

基因改造：模式植物拟南芥

拟南芥

准备进行分析的植物 DNA 样本

乍看上去，拟南芥（*Arabidopsis thaliana*）不过是一种微不足道的开花杂草。然而，这一不起眼的小草竟变成了揭开植物遗传学奥秘的罗塞塔石碑①。2000年，它成为第一个完成全部基因测序的植物，也就是说，科学家对它的染色体里的所有基因都进行了分析。

对拟南芥的基因破译，提供了对细胞中分子作用过程的洞察，这是支撑许多植物性状的基础；同时也揭示出如何控制这些性状的重要线索。准确地说，拟南芥研究已成为作物转基因研究的基石。相比传统的植物育种方法，通过基因研究，科学家们找到了更快、更有针对性的方法来引入新的特性。

绿色革命的这位明星是一种十分朴实无华的植物。它类似于平凡的豌豆植物，孟德尔在19世纪利用后者取得了关于植物遗传研究的开创性成果（参见第10章）。拟南芥俗称墙水芹或鼠耳芥，原产于欧洲、亚洲和非洲西北部，与其他人工栽培的品种，如白菜和

---

① Rosetta Stone，公元前196年古埃及竖立的一块镌刻法令的花岗岩碑，因有三种语言对照，成为古埃及语的破解线索。

萝卜等，同属十字花科（*Brassicaceae*）。它能在各种地形条件下生存。在多岩地、沙丘或其他沙砾地带，在荒原或受到人类干扰的自然环境中，如铁路沿线等，都能看到它的身影。

拟南芥的名称在过去几百年内的变化，反映了植物命名规则的演变。1577 年，德国医生约翰内斯·塔尔（Johannes Thal）首次在德国北部哈茨山脉（Harz）的茂密森林里发现并描述了这种植物。卡尔·林奈将之命名为 *Arabis thaliana*，前一个词代表南芥属，后一个词是纪念塔尔。此后在 1842 年，德国植物学家古斯塔夫·海因霍尔德（Gustav Heynhold）将之纳入一个新划定的属——南芥属（*Arabidopsis*），这个名字取自希腊语，意为“类似南芥”。

1907 年，德国科学家弗里德里希·莱巴赫（Friedrich Laibach）正确地观察到，这种植物有五条染色体（其他人都计算错了，说只有三条）。这是当时已知植物染色体数量中最小的奇数。尽管有这一发现，莱巴赫仍对拟南芥感到失望，因为其细胞的基因含量很小，而他则想找到具有更多染色体的植物进行研究。所以，在后来的 30 年里，他把注意力转移到了别处，直到 1937 年才又回过头来研究拟南芥。

1943 年，莱巴赫提出，基于拟南芥的生长速度快（从发芽到结籽只需六周），易于杂交和变异，因而将之作为研究开花植物的模式生物。1945 年，他的学生埃尔娜·赖因霍尔茨（Erna Reinholz）在博士论文中描述了自己培育出的拟南芥突变体。她利用了 X 射线诱变技术（这在当时带有科幻小说的意味），即通过将植物暴露在 X 射线下改变其细胞中的遗传物质，从而产生突变。

赖因霍尔茨制造的突变体包括将早开花植物改造成晚开花植物。这是一个人类改变基因的开拓性例子，后来则发展为制造转基因作物。不寻常的是，赖因霍尔茨的论文竟是由美国军方促成传播并全文公开发表的。因为他们当时正在寻找德国制造原子弹的证据，该论文标题中的“伦琴射线突变”字样引起了美国情报分析人员的注意。

在20世纪五六十年代，遗传学家约翰·兰格里奇（John Langridge）和乔治·雷代伊（George Rédei）的工作进一步提升了拟南芥作为模式植物的地位，它打败了数名竞争对手，包括矮牵牛和番茄等。不过，拟南芥能在植物遗传研究中获得领衔地位，扮演着类似于老鼠和果蝇在动物研究中的角色，是有多种原因的。

首先，拟南芥生长的地理范围广，种类多样，非常有利于研究植物适应环境的问题。其次，它生长的速度很快。第三，由于它小巧，非常适合在实验室条件下培育。此外，从技术层面上说，由于拟南芥的幼苗和根部相对透明，易于进行活细胞显像，适合做显微镜分析。

这种植物的基因组较小，因而对它做基因分析比较容易，根据最新估计，拟南芥的基因组大小——技术上称为C值——为1.57亿碱基对（Mb）。碱基对是用于DNA的计量单位，指的是双螺旋的基本配对结构。最初人们认为拟南芥的基因组在所有开花植物中是最小的，后来，这个冠军称号被肉食性植物螺旋狸藻（*Genlisea margaretae*）取代了，它的C值不足拟南芥的一半。相比之下，目前已知的基因组最大的植物是日本重楼（*Paris japonica*）。它是一种罕见的开花植物，美丽壮观，其C值达1488.8亿碱基对——是拟南芥的948倍之多。“这个基因体非常大，如果将它们拉直排列起来，将比大本钟还要高。”邱园乔德雷尔实验室的植物遗传学家伊利亚·利奇如是说。

20世纪80年代的科研发展进一步确立了拟南芥为模式生物的地位。拟南芥基因序列的第一个片段测序完成三年之后，1983年，科学家们首次发表了该植物的详细基因图谱。80 年代后期的实验表明，拟南芥特别适合进行转基因实验，具体做法是利用一种经改造的细菌——根瘤农杆菌（*Agrobacterium tumefaciens*）。先对这种天然土壤细菌进行基因改造，使之携带特定的 DNA，然后让植物感染上这种细菌，这样一来，植物就把这种特定的 DNA 带进自己的基因组里了。1989 年，含有一个突变基因的 DNA 片段首次成功完成转移，有了这种技术，植物基因的改造变得更加容易掌控了。

利用根瘤农杆菌来诱发冠瘿病，是将 DNA 转移到植物中、创造转基因作物的主要方法之一。这种技术有个好听的名字叫“浸花法”，即将花朵浸入改造后含有特殊 DNA 的根瘤农杆菌和洗涤剂（洗涤剂可用于破坏细胞膜）的混合溶液中。还可以给这种特殊的 DNA 加上荧光标记，从而研究人员能够跟踪基因序列中插入 DNA 的过程。

另一种将 DNA 插入植物的方法发明于 20 世纪 80 年代，俗称“基因枪”，专业名称是“生物弹道微粒传送系统”（biolistic particle delivery system）。它是用一种改造过的空气手枪，将外面裹着相关基因的金属颗粒射入目标植物的细胞中。因为洋葱细胞的体积大，故被选为目标植物。这种方法听起来粗糙，但对洋葱细胞的初步试验表明效果很好。经过处理的洋葱很快就显示了新插入基因的特征。

随着科学和技术的不断发展，20 世纪 80 年代出现了第一批转基因作物，领头的是烟草植物。通过多种基因改变，它们抵御抗生素、除草剂和害虫的能力增强了。今天，在世界各地种植的转基因作物有马铃薯、玉米、番茄、大豆和棉花等。尽管这种技术已经使用了 30 年，但转基因作物仍然引发激烈的争论。

与此同时，科学家们仍在继续寻找一些基本问题的答案：为

如今在世界普遍种植的转基因棉花

什么某些植物的基因组数目比其他植物的要大？最大的据认为是最小的 2000 倍。一个谜团是，一种植物的倍性水平（指每个细胞中的染色体的套数，曾在第 12 章讨论过）同它的基因组大小（染色体中 DNA 的含量）之间缺乏相关性。倍性水平增加不一定导致基因组的相应增长。“有些植物的基因组比人类的大 30 倍，”利奇说，“但有着高倍性水平的植物，例如木樨景天（*Sedum suaveolens*）是八十倍体，但其基因组相当小。”

理解植物基因组大小及其同植物的关系，有着重要的应用价值。“有些人可能想知道，一个生物体的 DNA 多少是否很重要。

答案无疑是肯定的，”利奇说，“其影响将体现在所有的层面上，从细胞到整个生物体，乃至更大的范围。”

在植物基因组研究方面，邱园是一个领军者，它拥有一个全球性的重要数据库，叫作“植物 DNA 的 C 值数据库”，详细记录了近万个物种的基因组数据。在 2001 年初建时，它拥有 3864 种植物的数据，2012 年的版本增加到 8510 种植物的数据。植物遗传学家

采用了转基因技术的玉米

可以将从拟南芥中获得的知识同广泛的基因信息结合起来，尝试揭示基因的奥秘——各种基因的功能和运作机理。

邱园的研究人员探讨的另一个领域，是运用研究拟南芥的实验数据，包括水分和温度对种子贮藏的影响，来鉴别植物种子的寿命。在分子水平上理解种子休眠的方式，将有助于改进作物种植和植物保护方面的工作，特别是有助于实现栖息地复原的目标。同时，分析拟南芥的基因如何影响其开花时间，也为研究人员利用基因操纵来创造开花期更长的植物提供了帮助。

植物如何产生抗病性？这是关乎全球粮食生产的另一个重要问题。在这方面，基因研究已经揭示了植物和致病病原体之间的相互作用。例如，通过对拟南芥的研究找出哪些基因能使一些植物具有对抗禾本科布氏白粉菌（*Blumeria graminis*）的能力，它是导致草本植物生霉的元凶。确定了与白粉病有关的基因之后，科学家们便可以从这种基因入手，进行改造，创造出能够抵抗白粉病的变异品种。

植物激素在作物改良中也十分重要。20 世纪 50 年代，美国植物遗传学家诺曼·博洛格运用传统育种技术创造出了矮秆小麦新品种，以抑制茎秆的生长来换取高产（如第 16 章所述）。20 世纪六七十年代，博洛格培育出的矮秆小麦被推广到世界各国。据信，矮秆小麦的额外产量使许多人避免了因饥馑而死的命运。

后来，根据对拟南芥的研究，人们精确地揭示了矮秆小麦高产的机理，即它是通过抑制一种特定的植物激素（赤霉素）来实现的。现在，对拟南芥的研究进一步把目光投向了如何通过操纵相关基因，创造出一些能够适应全球气候变化所导致的更严酷的环境的作物。例如，由于农业生产、气候和海平面的变化，世界各地的盐碱化都在加剧。研究人员目前面临的挑战是开发出能够应对盐碱环境的作物，他们正在利用对拟南芥的研究，试图找出影响不同物种的耐盐碱性的基因。

用于制造转基因作物的新技术也不断发展，其中最新的一种叫作转基因编辑。它采用可以自然发生的方式来修改植物的基因，而不是简单地给植物插入“外来”基因。这种技术可被视为仅仅给自然一个推力，而不是引入（反对转基因的人们所视为的）一种畸变。

假如这个21世纪的分析方法听起来有点像太空科学，这其实是十分贴切的，因为拟南芥是第一种在太空中度过了完整的生命周期的植物，从种子萌发到开花结果。那是1997年在和平号空间站上进行的。美国国家航空航天局（NASA）于2015年在国际空间站种植拟南芥，正在完成进一步的试验。

这一太空研究的目标是要确定在重力的影响之下，植物的哪些基因会被激活，或是在某种程度上受到抑制。美国航空航天局的研究人员认为，这对在地球上的实际应用可能是有意义的，我们能够更深入地理解植物根部和幼苗的结构，并揭示植物在太空环境下如何进行自我调整。而且，假使人类在未来真的能够到其他星球上去落户，其成功可能在很大程度上要归功于对拟南芥的研究。这一不起眼的植物，已经在人类探索的进程中留下了不可磨灭的印记。

第 21 章

进化谱系：开花植物的历史

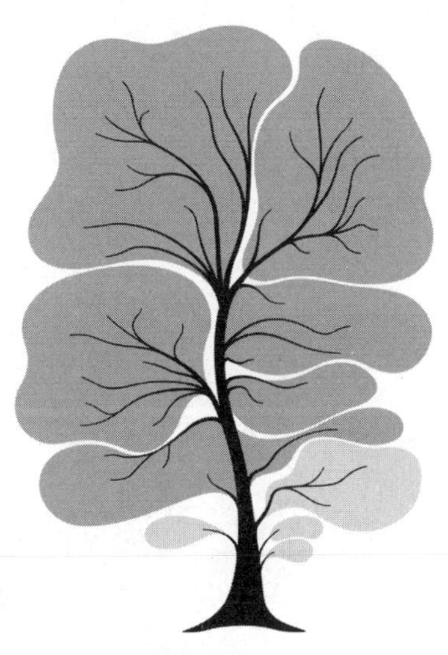

植物进化树

无油樟（*Amborella trichopoda*），爱丽丝·坦格里尼（Alice Tangerini）绘。对它的 DNA 分析帮助人们了解了开花植物早期的进化史

邱园的园徽图像是在王室的盾形纹章之下有一朵花。你或许认为这没什么可奇怪的。但是，为什么是花，而不是蕨类植物，或松柏，甚至菌类？而这些植物的历史都比开花植物要悠久得多啊。

花是地球上的年轻一代。它们的历史也许不超过一亿四千万年到一亿八千万年，最早的花朵化石仅可追溯到一亿三千九百万年前，从进化的意义上说这是短暂的；种子植物的诞生比开花植物整整早了二亿三千万年，最早的陆生植物则还要早一亿年。

然而，一旦亮相，这些美丽的新物种便成功地抢了所有老资格对手的风头。自它们第一次出现，在七千万年内，开花植物就在广大的地理区域和大多数栖息地中占据了生态优势。今天，开花植物（植物学上称为“被子植物”）是地球上植物的主导物种，它共有 457 科，约 35 万种；相比之下，孢子植物（如蕨类），约有 1 万种；非开花植物（植物学上称为“裸子植物”，如针叶树），约有 750 种。

植物学家从一开始就对不同植物之间的关系非常着迷：它们是如何演变的，何时演变的，演变的顺序是什么？正如我们在前面的章节中了解到的，在科学发展史上，搜集这些花朵的各科之间关系的证据，往往是通过一种简单而可靠的方法完成的，即直接观察。这涉及计数它们的各个部分，详细记录其特征，如形状、大小和颜色，然后比较不同植物的花朵之间的相似性和差异。这种通过观察进行分类的原则被称为“形态学”。

植物“分科园圃”展现了这一分类原则。这片园圃隐藏在邱园最静谧的一个角落里，有高大的砖墙保护。围墙里的绿地曾是一个菜园，负责为王室厨房供应新鲜蔬菜。但根据维多利亚女王的懿旨，它可以任凭邱园利用。当时的园长威廉·胡克便在 1846 年将它开辟成了一个植物园。维多利亚时代的植物学家们所确定的植物分科及其关系，正是通过这片园圃向科学爱好者和大众展示的。

威廉·胡克最初采用了一种叫作“自然体系”的科学分类法——由法国植物学家安托万·劳伦特·德·朱西厄（Antoine Laurent de Jussieu）设计——来标识邱园里的植物，将它们分别种植在非正式的、形状不规则的园圃里。到了 1869 年，乔治·边沁和威廉的儿子约瑟夫·胡克依据更加公认的科学原则，将这个园圃重组。为了反映这一更为精确的安排，他们给园圃取了一个新名字，叫作“分目园圃”。

边沁和胡克是维多利亚时代植物学界的杰出代表，具有典型的缜密头脑。他们有条不紊地开始了这项艰苦的工作，对所有的开花植物进行归类，设计出一种新的分类系统来描述它们。这项工作总共花了 20 多年的时间。他们将植物有序地种植在长且直的花坛里，由此来展示新的分类系统。这是一个绝妙的主意，在他们的植物园设计蓝图中，知识普及和教育从来都是一个重要的组成部分。在同一时期，标本馆的标本也根据同一原则进行了重组。

约 1900 年邱园的“分目园圃”，根据植物的进化关系来决定它们的位置

边沁和胡克因循了早期博物学家约翰·雷的思路。雷根据植物发芽的种子产生一片或两片叶（子叶），创立了开花植物最重要的分类——“单子叶植物”和“双子叶植物”。在此基础上，边沁和胡克添加了新的一类：“裸子植物”，或称不开花植物。在这三个大类中，他们辨识出了 202 个不同的科。

他们的分类依据是仔细观察开花植物的形态，也就是植物的结构和外观：花瓣、雄蕊、叶片以及其他部分。边沁和胡克的分类系统（为分类目的而进行的植物特征分析）选择了非常明显的特征来定义每科，所以十分实用，极受欢迎。接下来的 100 多年里，尽管在英国和其他地方也出现了许多不同的相互竞争的分类系统，邱园一直沿用这种分类系统。

每种新的分类系统都试图对以前的系统做出改进，期望能够提供一个更合理、更“符合自然”的方式来组织开花植物的谱系，为在标本馆工作或在实地考察的植物学家提供更多的帮助。当然，旧的依靠形态的方式有其局限性。主要基于外观的相似性来分类的方法，使分类学家遇到一些很棘手的问题，特别是在试图重建进化谱系图的工作中。问题在于，就像人类的家庭成员一样，一些密切相关的植物长得并不完全一样；一些各自独立进化的植物反而看起来相似。这也许是由于它们生长在同样的环境中所致，但实际上它们之间完全没有亲缘关系。

直到今天，形态分类在实地考察中仍然是非常重要的，研究人员必须能够当场识别各种细微差异和变异模式，以便区分和发现新物种，以及进一步确定分类和归属。在这一点上，维多利亚时代手持放大镜的植物学家功不可没，他们所具备的巨大耐心和有关植物特征的丰富知识是无价的。然而，正如在科学领域经常发生的，长期存在的正统学说最终还是需要与时俱进。在21世纪即将到来之时，植物分类学出现了一个重大突破。

这个突破发生在20世纪90年代初。由邱园乔德雷尔实验室联合牵头的一个国际植物学家组织开始探索一种可能性，试图根据新的DNA测序科学，创造一种全然不同的分类系统。他们把重心放在植物的分子性质上，而不只是依据其外观，旨在确定基因分析可否产生更科学的植物分类结果。乔德雷尔实验室的主任马克·蔡斯解释说：“事实上，我们不是试图改变什么，只是想评估一下，用DNA作为研究植物关系的一种工具是否可行，而且我们最初对此是持怀疑态度的。试验结果很理想，但刚开始时我们并不确定。”

20世纪90年代中期，被子植物种系发生学组织研究利用DNA测序为开花植物建立一个新的分类系统，其中确定所有植物的关系都将以DNA分析为基础。在这一研究过程中，该组织也将已有的分类同基于DNA分析而做出的分类进行对比，结果十分有趣。他们将边沁和胡克及分类学领域后来的重要人物，如美国的分类学家亚瑟·克朗奎斯特（Arthur Cronquist）等人做出的植物谱系，同今天根据DNA分析做出的植物谱系进行比较，从中寻找"一致性"的百分比，即旧的系统中有多少分类为新的系统所证实。

APG组织的研究结果表明，边沁和胡克基于仅用肉眼和在显微镜下的观察，做出的分类绝大多数是正确的。马克指出："我们看到，分科的成绩相当不错，87%应该得到认可。"在19世纪时，建立分类系统几乎没有可利用的技术，边沁和胡克仅仅依靠观察植物的形态来进行分科，便达到了将近90%的准确率，这是很不简单的。蔡斯继续说："但在其余的10%中，有些分类很不一致，是边沁和胡克搞错了。不相符的部分主要存在于较高的分类类别（大类），如'目'；在那个层级中，对应率几乎为零。"

分类错误的一个例子是芍药科（*Paeoniaceae*）。长期以来，牡丹一直被列为毛茛科（*Ranunculaceae*）的成员或近亲，鉴于它们具有许多共同特征，比方说，花朵形态十分相似。然而，被子植物种系发生学组织所做的DNA分析表明，牡丹实际上同虎耳草和景天草的关系更近。在边沁和胡克的"分目花圃"里，牡丹被栽种在错误的目中，因此，可怜的老牡丹被挖出来，移植到了正确的位置。对植物学界来说，接受该组织的新分类法是一件非同小可的事，需要在很大程度上改变对开花植物的认识。这远远不仅是一个命名的问题。这一组织要求植物生物学家接受的新"谱系图"，大幅度地改写了一些植物的历史。

化学分类也有助于为植物重新排序。举例说，若是根据由亚瑟·克朗奎斯特发明的一个早期广受赞誉的系统，如今被归入十字花目（*Brassicales*）的植物应当被分为两个亚纲之下的五个目。然而，化学分析显示，这些植物都会产生“芥子油”，这种天然化合物给花椰菜、卷心菜和辣根（horseradish）等植物带来了一种辛辣冲鼻的独特味道，并且可以吸引菜粉蝶来产卵。这种芥子油是通过一种生化机制在植物细胞中产生的。人们认为，由于这种机制过于复杂，是很难在许多科中独立进化而来的。因此，APG 分类法将许多先前人们不认为密切相关的科纳入了十字花目，现在它包含十个科。

植物谱系具有巨大的实际用途。例如，固氮是豆科（*Fabaceae*，或称 *Leguminosae*）植物的一种特性，豆科植物利用其根部的微生物活动来提供氮元素，这对于它们来说是必不可少的。假如科学家们想要搞清楚固氮植物的起源，谱系将对他们大有帮助，它可显示具有相同属性的近缘种。蔡斯说：“这显然非常重要，如果我们理解了它的原理，就可能有办法让其他植物物种也生产自身需要的氮，那么就不必为它们施加氮肥了。”

而且，正如在边沁和胡克的时代，科学研究的兴趣点在不断演变发展。“我们现在感兴趣的东西之一是，”蔡斯充满激情地说，“所有这一切的决定因素是什么？为什么开花植物在世界历史上出现很晚，却非常成功？为什么它们具有这些有趣的特征，尤其是从化学方面分析？它们为什么如此多样化？它们为什么能产出如此之多的籽粒，从而使我们可以收获当作粮食？相比现存的其他类型的植物，被子植物种子的数量实在是很惊人的。假如仅仅依赖裸子植物的种子和蕨类植物的孢子，人类根本不可能建立起农业文明。在这个星球上，人类发现了这些多产的被子植物，由此可以养活 70 亿人口，这真是一个奇迹。”

对蔡斯来说，跟植物打交道不单纯是一种工作。在乔德雷尔实

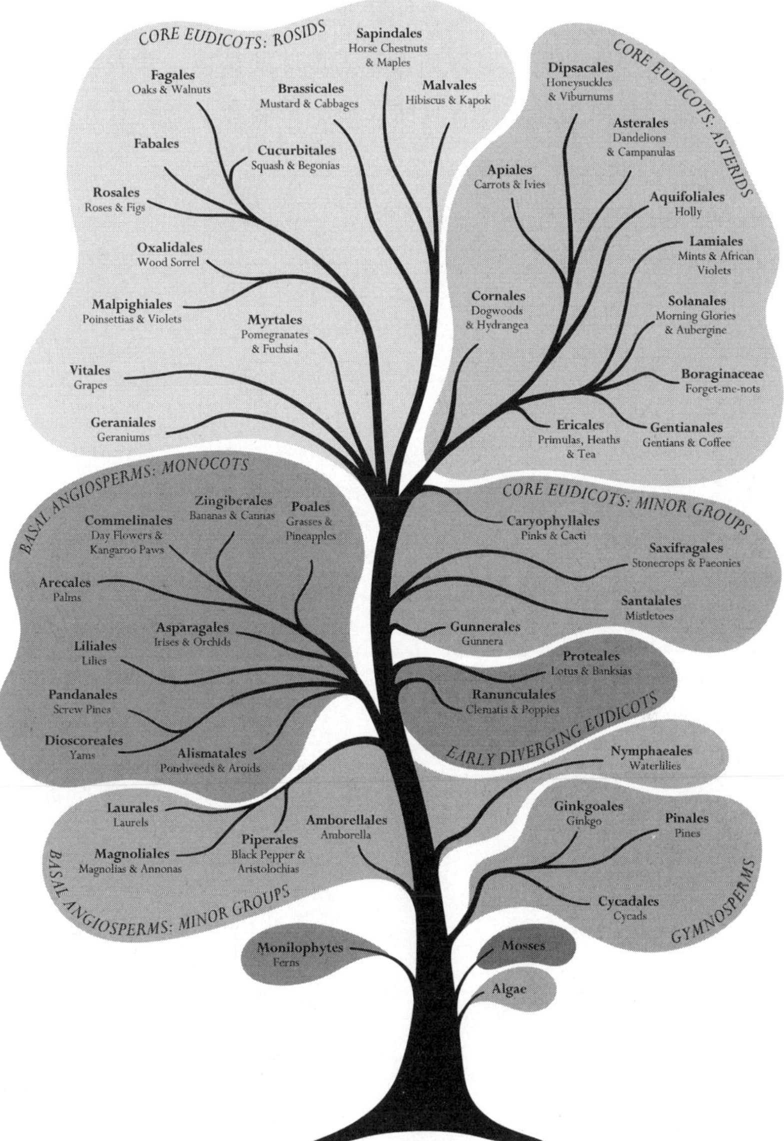

这棵进化树展示了目前植物学界对主要的植物类群关系的认识

验室的办公室里，他在书架和窗台上摆满了各色兰花和其他植物。“我是个彻头彻尾的植物迷……开花植物具有强大的进化能力，它们在非常短暂的进化时段内接管了地球的植被，并展现许多高超的本领，例如主动地捕捉昆虫，成为肉食者，这简直令人难以置信！”

正如边沁和胡克一样，当今的科学家们仍然保持着强烈的好奇心和探索欲。

第 22 章

热带雨林：形形色色的棕榈

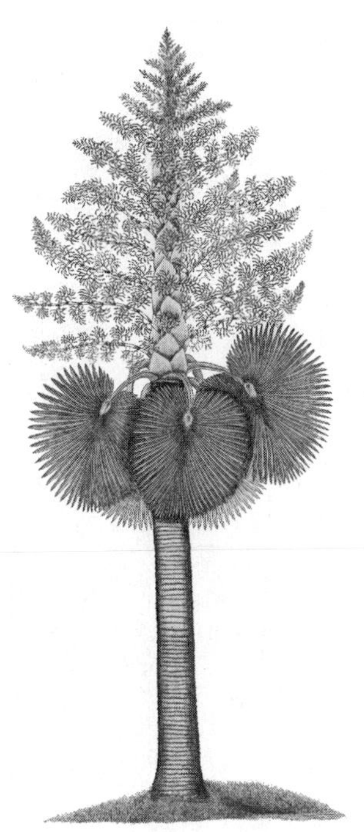

棕榈树，绘于印度加尔各答

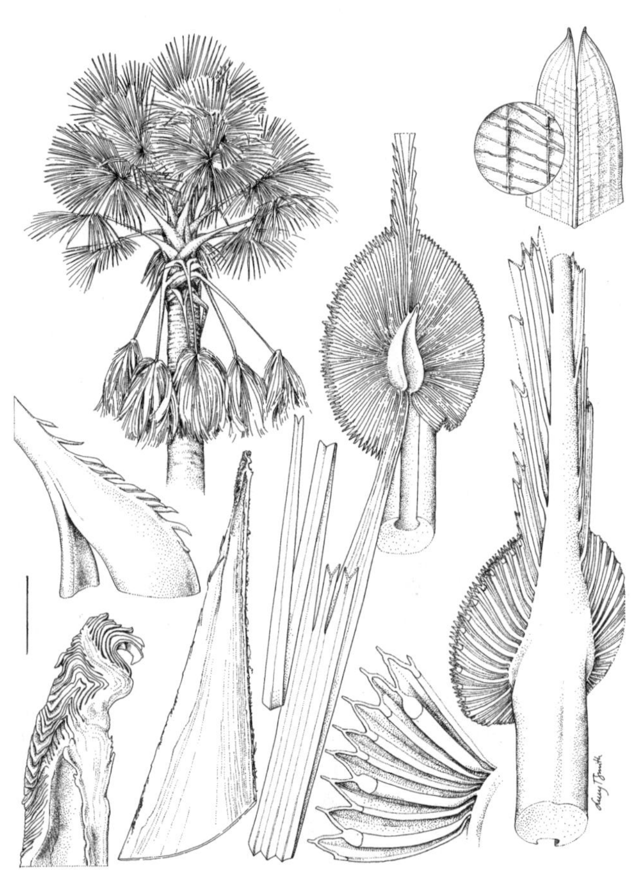

2006 年在马达加斯加发现的塔希娜棕榈，露西 • 史密斯绘

2006年底，邱园的有关棕榈科植物的一个高端研究项目接近尾声时，传来了一个消息，在马达加斯加西北部的一个偏僻之处有一项重大发现。法国种植园的管理人格扎维埃·梅斯（Xavier Metz）与家人散步时，看到了一株巨大的棕榈树，它开着一簇惊人的黄花，仿佛一只大烛台。这株棕榈不仅外观惊人——高18米，扇形叶子跨度5米，而且是科学界未知的物种。这株棕榈的标本从马达加斯加最终运抵英国，邱园棕榈研究部的前负责人约翰·德兰斯菲尔德（John Dransfield）对它进行了检验，他意识到，这不仅是一个新的种，也是一个新的属，它被命名为塔希娜（*Tahina*）。

德兰斯菲尔德已经退休，但仍在邱园担任荣誉研究员。他介绍说：

一开始，有人通过电子邮件给我发来六七张图片，建议我看一看。它看起来很像印度和斯里兰卡的贝叶棕（*Corypha umbraculifera*），一种有着巨大扇叶的棕榈。然而，它生长的地点不合理，因为马达加斯加是不应该有贝叶棕的。我很兴奋，立即联系上了格扎维埃·梅斯，他给我发来了更多的图片。我判断这肯定是一种不同的植物。我在马达加斯加有一位关系密切的同行，名叫米朱鲁·拉库图阿里尼沃（Mijoro Rakotoarinivo），他采集到了这种植物的第一个标本。2007 年 4 月，他到了英国，跟我在邱园做他的博士课题，把标本也带来了。在复活节那天，我们欣喜万分地打开了装着标本的盒子，发现它是琼棕族[①]（*Chuniophoeniceae*）的一员，当时该部落已有三个属：泰棕属（*Kerriodoxa*）、琼棕属（*Chuniophoenix*）和中东矮棕属（*Nannorrhops*）。

塔希娜属棕榈是一种巨大无比的棕榈，仅生长在马达加斯加。泰棕属棕榈生长于普吉岛和泰国南部的低海拔山区和潮湿雨林中；琼棕属棕榈是一种小型林中棕榈，生长于中国和越南；中东矮棕属棕榈是一种生长在阿拉伯半岛、阿富汗和巴基斯坦的沙漠棕榈。那么，到底是什么共同性状将这四个物种联系在一起的呢？这么说吧，是它们的花序结构（植物的整个开花组织，包括花序轴、柄、苞叶和花朵）。这就是为什么我一打开盒子，立即就辨认出它是琼棕族的成员。我的一位聪明的学生分析了它的分子组成之后，人们立即同意了我的判断。事实上，琼棕族是它唯一可能归属的地方。

德兰斯菲尔德、拉库图阿里尼沃和他们的同事命名这种棕榈为 *Tahina spectabilis*。属名是马达加斯加语，意为“受到祝福的”，并且发现者梅斯的一个女儿就叫塔希娜；种加词是拉丁语，意为“壮观的”。

塔希娜棕榈是邱园植物学家自 20 世纪 80 年代以来发现的一系列棕榈属和种之一。《棕榈科属志：棕榈树的演化和分类》（*Genera*

① 族（tribe）是介于科和属之间的分类等级。

Palmarum：*The Evolution and Classification of Palms*）一书在1987年首次出版，详细描述了200个属的2700种棕榈。第二版在2008年问世，包括在最后一刻加进了塔希娜棕榈，但作者只列出了183个属的2500种棕榈。为什么第二版里的属和种的总量减少了呢？这是由于更严格的考察发现，有些最初被认为是不同的物种，其实是其他物种的变种。（支持粗分的约瑟夫·胡克将会为这种归并感到欣慰。）不过，自1987年以来，包含全新物种的属数显著增加了。我们之所以能够在理解棕榈科植物方面迈进了一大步，一个关键因素是运用先进的基因分析工具，这一领域的专家们得以建立了一个以DNA为基础的棕榈谱系。新的分类反映了该科植物的历史，并追溯了棕榈在全世界形成现有分布状况的演化路径。

大多数人一想到棕榈，出现在脑海里的即是热带海岸日落之下的典型树影，或是英国花园广泛种植的耐寒品种，如扇叶棕榈（*Trachycarpus fortunei*）。其实，这些棕榈树都属于开花植物中的棕榈科（*Arecaceae*），是非常多样的。邱园的棕榈屋内共有249种棕榈，它们的高矮、叶子形状和颜色各不相同。

在邱园，最大的一株活体标本是俗名"巴巴苏"（babassu）的毛鞘帝王椰（*Attalea butyracea*）。它那高大粗壮树干上的叶冠位于温室的中央穹顶之下，叶子已经触到了穹顶的最高处。这种树的近缘种包括以下几种：卡里多棕（*Kerriodoxa elegans*），其茎干相对较短，有扇形的大叶；密花山槟榔（*Pinanga densiflora*），其特征是有一簇茎干，叶子的色泽斑驳；墨西哥星棕（*Astrocaryum mexicanum*），其茎干苍白，长满带着邪气的黑刺，棕榈屋的管理人斯科特·泰勒（Scott Taylor）身上的伤疤足可证明它们的厉害；还有一种酒瓶椰子（*Hyophorbe lagenicaulis*），它的金黄色茎干底部膨鼓，看上去好像一只造型优雅的酒瓶。

邱园里最大的棕榈树“巴巴苏”

泰勒的任务是保证展示的各种棕榈健康茁壮，而且，当“巴巴苏”最终长得太高、温室容纳不下时，就必须把它砍掉，选择另一株棕榈来替代。有一株油棕（*Elaeis guineensis*）看上去非常健壮，可能是一株合适的候选植物。

泰勒具体解释了这项移植任务的程序，“假如我们要迁移这株棕榈的话，”他指着巨大的油棕，其锯齿状的叶子有10厘米宽，从根基生长出来，“我会在它的两侧各开辟出半米宽的空地，先将一侧掩埋在壕沟里（这一过程包括切掉一些根茎、挖壕沟和填补有机物以助新根生成），给它一段时间养伤、再生，然后用同样的方法处理另一侧。这一过程可能需要几个月，但最终会长出一个很茁壮的根球。我们也会把一些叶子剪掉，因为如果根部受到了伤害，就需要通过减少一些叶子来保持平衡。”

棕榈屋的空间有限，因而很多新来的棕榈树尚未获得展示的机会，二列椰子（*Veitchia subdisticha*）即是其中的一种，据知它在野外仅生长于所罗门群岛，因其根的奇特形状，俗称高跷棕榈。

邱园收藏的活体棕榈在最近的重新分类工作中发挥了重要作用。从这类植物中提取的基因被用于帮助建立棕榈的生命谱系。基因分析确定出了五条进化路径，新的分类系统确认为五个亚科：省藤亚科（*Calamoideae*）、水椰亚科（*Nypoideae*）、贝叶棕亚科（*Coryphoideae*）、蜡椰亚科（*Ceroxyloideae*）和槟榔亚科（*Arecoideae*）。省藤亚科下有21个属，绝大多数是带刺的棕榈树，包括像葡萄藤一样的棕榈藤，普遍用于制造家具。水椰亚科下只有一个属一个种，即水椰（*Nypa fruticans*），它生长在亚洲的沼泽地带。贝叶棕亚科下有46个属，主要由扇叶棕榈组成，尽管也包括一些叶片形状不同的棕榈，如枣椰树。蜡椰亚科有呈现不同特征的8个属；槟榔亚科是最大的亚科，下有107个属，包括一些最为人知的棕榈树，如椰子树和油棕。

“我们彻底重组了亚科。”邱园标本馆的助理和棕榈分类专家比尔·贝克解释如下：

> 对过去的分类，我们做了一些重大的修正，譬如我们发现，所有长着羽毛状叶子的棕榈都是由扇叶棕榈演化而来的。虽然在实际操作层面上许多属仍保持不变，但棕榈的演化谱系已被彻底修正了。
>
> 在过去，关于棕榈之间的关系以及应当如何分类，是根据直觉和未经检验的传统假设而推断的。
>
> 对所有生物体的分类都存在这种情况，不仅是植物。人们接受和理解了进化论，却没有一个客观的方法去尝试剖析它，也缺乏化石记录的研究。然而，DNA 序列本身就是一种神奇的化石记录。它们显示了在数百万年中基因组的突变是如何积累并延续的。有些突变被覆盖了，因而 DNA 测序结果也产生了一些矛盾和混乱的情况。但从某种意义上说，DNA 序列的信息就相当于一种分子的化石记录。

如今，棕榈多样性在全球的分布相当不平衡。马来半岛和新几内亚之间的群岛上有近 1000 种，美洲有 730 种，马达加斯加有 199 种，而辽阔的非洲大陆却只有 65 种。炎热、潮湿的热带雨林中的棕榈最为多样，只有极少数棕榈生长在干旱地带。

已知所有开花植物，包括棕榈，最早出现于白垩纪时期，始于约一亿四千五百万年前。贝克和他的同事采用新的基因技术揭示出，棕榈植物今天的多样化始于白垩纪中期，约一亿年前。他们对棕榈的地理范围演化所做的分析表明，棕榈的最近共同祖先很可能

位于阿曼的枣椰林

分布在中美洲、北美洲和欧亚大陆。

长期以来，植物学家一直在思索雨林的起源。阿尔弗雷德·拉塞尔·华莱士是较早探讨这个问题的博物学家之一。他在19世纪中叶去巴西的亚马孙河流域旅行，详细地研究了该地区的热带雨林植物和动物之后，得出了一个结论："赤道地区的大面积森林"必定受益于当地气候条件的长期稳定不变。相比之下，地球温带地区的物种则经历了间歇发生的自然灾害和灭绝事件。1878年，他在《论热带自然及其他》（*Tropical Nature*, *and Other Essays*）一书中写道：

> 在一个进化过程中，机会是公平良好的；而在另一个进化过程中，则遇到了无数的困难。赤道地区的历史和今天的生命发展显示，相比温带地区，它是一个更古老的世界。在漫长的岁月中，赤道地区生命演变和发展遇到了相对少的阻碍，其结果便是产生了这些美丽的、千姿百态的生命形式。

邱园的研究表明，棕榈的进化符合一种不断多样化的模式。假如将棕榈树作为热带雨林生态系统的一个代表，它可以印证华莱士的原始假设：渐进的演化带来了今天热带雨林的丰富物种。尽管我们现在知道，热带雨林实际上是充满活力、非常动态的，随着时间的推移，经历了显著的气候变化。另一项研究也支持这一观点，多样性是经过极其漫长的演化而来的。美国石溪大学的科学家发现，亚马孙树蛙的高度多样性，跟它们的不同群体在这个盆地里共同生活了6000多万年有关。

由于棕榈栖息在热带雨林中，并且常常生长在人迹罕至之处，所以，科学界至今仍能发现新的棕榈物种。单是2009年，《棕榈

位于喀麦隆的非洲油棕园

科属志》第二版问世一年后，就发现了24种新的棕榈，其中20种来自马达加斯加。在邱园，贝克刚刚公布了15种新的省藤属（*Calamus*）植物，目前正在命名3个仅包含单一物种的新属，其中一个将以华莱士的名字命名。有些新物种极其罕见，例如在马达加斯加东北部发现的无茎棕榈（*Dypsis humilis*），总共不到十株。不知其他地方是否还有它的踪迹。它们生长在一片森林之中，由于当地人常常大量伐木，所以，可能科学家尚未有机会对它进行详细研究，这种棕榈就要灭绝了。

棕榈的用途很广，它们为人类提供了众多的产品：棕榈油、饮料、椰子、椰枣、藤条、纤维和建材等等，其中许多有助于热带地区的乡村人口维持生计。鉴于许多热带雨林生态系统面临着来自各方面的压力，包括伐木、农业和气候变化等，植物学家们正在同时间赛跑，加紧寻找和登记尚未发现的新物种。就塔希娜棕榈来说，它只有很少的已知野生植株存在了。不过，它的故事相对令人欣慰，这种棕榈的种子已被传播到马达加斯加及世界各地，因而它的数量有望增加。至于采集和销售棕榈种子的收入，则应回馈给当地社区，以便让他们从宝贵的棕榈资源中获得经济利益。

对于那些尚未被发现和分类的棕榈来说，前景就不那么乐观了。从搜集整理证据，到在专业杂志上正式描述一个新物种，这个过程有时可长达几个月甚至几年。“一个物种，只要是还没有被发现和描述过，就不会被决策者或国际自然保护联盟纳入濒危物种的红色名录，因而也就不可能受到保护。”贝克敦促说，“我们必须找到更快捷、更简便的方法来获取生物多样性的信息。”而且，正如邱园的研究表明，棕榈的多样性是花了超过一亿年的时间才逐渐发展到今日水平的，倘若人类破坏了它的雨林栖息地，那么，也许需要同样长的时间才能重建起来。

第 23 章

人与自然：保护生物多样性

地球仪，1851 年版画

在秘鲁的圣胡安山谷采集金鸡纳树皮，19 世纪版画

早在19世纪中叶，植物学家理查德·斯普鲁斯就认识到，人类的活动对地球上的植物和动物是“不友好的”。在南美洲的十五年搜集旅行中，他做出推断，如果人类想要利用植物，就应当保护它们。他写道：“对稀有物质，如金鸡纳树皮、天然橡胶和洋菝葜（sarsparilla）等的需求必定继续增加；与此同时，森林生产出的物质不断减少，因此最终将导致灭绝。”

乔治·珀金斯·马什（George Perkins Marsh）是今天公认的美国自然保护运动的创始人，他在1864年出版的《人与自然》（*Man and Nature*）一书中，对当时人们普遍采信的一种观点，即人类对自然界的影响是积极的，提出了挑战。他认为，由于砍伐山丘的森林而引起土壤流失，导致了地中海周围地区古代文明的崩溃。随后，美国建立了约塞米蒂国家公园和黄石国家公园，以保护荒野自然。但是，直到“二战”结束之后，人类对环境的影响才成为一个受到全球关注的问题。

1970年，有关组织列出了第一批濒危植物名录，共有20000种植物需要获得某种形式的保护才能幸存下去。

1992年，联合国环境与发展会议缔结了《生物多样性公约》，呼吁保护濒危物种和环境。从此，政治话语的词典里增加了一个新词“生物多样性”。它的定义是：

> 所有来源的活的生物体中的变异性，这些来源包括陆地、海洋和其他水生生态系统及其所构成的生态综合体；它包括同一物种内部、不同物种之间和不同生态系统之间的多样性。

在接下来的20年里，人们专注于鉴别生物多样性的热点地区和濒危物种的集中地区。许多全球性的倡议都是以保护这些地区为目标的。目前，地球陆地的13%为受保护区域，国际自然保护联盟定期出版“红色名录”，重点标记了那些濒临灭绝的物种。

《生物多样性公约》的目标是，到2010年时，在全球各地和各国范围显著降低生物多样性的流失速度。然而，尽管各国政府付出了很大努力，但结果都失败了。2002年的数据表明，在绝大多数情况下，生物多样性的流失速度没有降低。未能成功的原因有很多。随着一些全球性挑战的出现，如气候变化、人口增长、燃料安全和对土地需求日益增大的城市化，许多政治家和政策制订者对保护生物多样性表示质疑。他们质疑：即使不能实现这一目标又怎么样，生物多样性是否已成为人类的一种不切实际的愿望。

2005年，一个里程碑式的研究结果发表，它或许彻底改变了关于自然保护的政治格局。“千禧年生态系统评估”不再把生物多样性视为为了保护而保护的东西，而是开始评估生物多样性和具有多样性的生态系统对人类生计和福祉的贡献。这是有史以来第一次，人们将生物多样性视为一种商品，并根据它为人类提供的服务

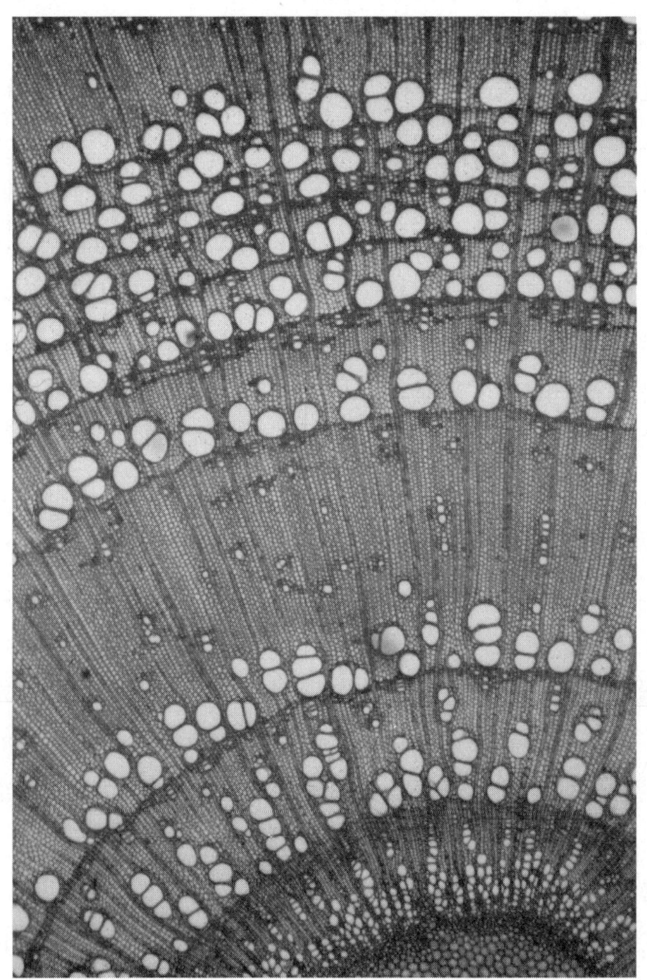

显微镜下的树木年轮，树木具有高效固碳功能

来对其进行估价。生物多样性给人类带来的利益包括以下几个方面：物质供应服务（提供食物、淡水、木材、纤维和燃料）、调节服务（调节气候、控制洪水和疾病，以及净化水源）和文化服务（带来审美、精神、教育和休闲娱乐方面的益处）。

这种观念相当激进，使保护工作脱离了以往的模式，而传统的做法是，将物种密度最高的或物种受威胁的地区保护起来。让我们设想这样一个自然景观：一座森林，一片田野，田野四周有些树木，背景是覆盖着稀疏植被的山脉。依照传统的“保护区”策略，由于森林几乎肯定是该景观中物种最丰富的地带，人们很可能会将它封闭保护起来。这种做法其实是错误的。从生态系统服务价值评估的角度来看，这个景观中的所有部分都是同等重要的。森林发挥着吸碳的重要作用（指植物在光合作用中吸收大气中的二氧化碳），并可防止土壤流失（调节服务）；田野周边的树木为授粉昆虫等提供重要的觅食地和筑巢地（调节服务）；田野本身是庄稼生长的土地（物质供应服务）；山脉是河流的发源处，河水灌溉庄稼，山区也是休闲的好去处，并具有潜在的精神内涵（文化服务）。因此，这种评估对景观的分区方式是与过去大不相同的。科学家们需要首先确认，这个景观中的生物多样性能提供哪些生态系统服务，然后计算出它们对社会的价值，以及维护它们所要花费的成本。

这种“新”方法得到了各国政府的普遍认同。2012 年，“跨政府间生物多样性和生态系统服务平台”成立了，其目标是评估整个地球的生物多样性现状、生态系统及其为社会提供的基本服务。然而，究竟哪些服务对于社会来说是必不可少的呢？目前尚没有标准答案。联合国环境规划署最近提出，各国应设立“绿色经济”目标。“绿色经济”被定义为“改善人类福祉和社会公平，同时显著降低环境风险和生态稀缺的经济模式”。极为重要的是，环境规划署指出，实现这一目标将需要保护生物多样性。

当今，人类面临的最大环境威胁是气候变化。这一现象是由大气中二氧化碳的浓度增加而导致的，大气中二氧化碳的浓度现已达到 400 ppm。或者可以把这个数据放在这样一个框架中来理解：它比过去 80 万年中的任何时间都要多 120 ppm（我们从分析冰芯中获得了在这段时期里大气中二氧化碳的完整记录）。

我们迫切需要找到减少大气中二氧化碳含量的途径，对此，植物的作用是至关重要的。树木是脱除大气中二氧化碳的极有效的生物。作为光合作用的一部分，大气中的碳被吸收在枝干、树叶和树根中。很久以来，人们就知道植物在调节大气中扮演着重要角色，但仅仅是在过去几十年中，树木的重要性才被充分认识。树木是重要的二氧化碳汇（carbon sink），它们从大气中吸收目前由生物圈（地球上所有生物体居住的地方，包括地面和空中）制造出的几乎所有的二氧化碳。很多树生长迅速，长得非常高大，寿命也很长，是最大、最直接的碳汇。这方面的例子很多，在热带地区，如亚马孙雨林的野生巴西栗、非洲的红铁木（*Lophira alata*），以及亚洲常见的各种大型阔叶树，都是吸收二氧化碳的重要树木。在温带地区，如加州红杉（*Sequoiadendron giganteum*）和智利柏（*Fitzroya cupressoides*）可能都是非常重要的碳汇，因为它们很高大，生长快，寿命可延续几个世纪。

据估计，在 2000—2007 年，全球森林每年从大气中提取了 25 亿吨碳。在全球范围，吸收大气中二氧化碳最多的是热带森林，每年达 13 亿吨，其次是温带森林（7.8 亿吨）和北方森林（5 亿吨）。有趣的是，再生的热带森林（在砍伐和采伐之后恢复生机、早期生长较快的森林）是最大的碳汇，每年吸收 17 亿吨的

新加坡的热带雨林

碳。年轻的、生长较快的树木比成熟的、生长缓慢的树木能吸收更多的碳。

从这个意义上说，这是个“好消息”，事情还有一线希望，一旦土地被弃耕，热带森林便开始恢复生机，它将立即大量吸收大气中的二氧化碳。这显然是目前的碳交易者所采取的思路，他们认为在这些地区购买被破坏的森林是一个重要的投资机会。30 年后重新形成的森林将吸收大量的二氧化碳，便可用于“碳交易”或“碳补偿”。

不过，最近邱园进行的一项研究值得引起重视。科学家莉迪娅·科尔（Lydia Cole）通过研究跨越四个主要地域（南美洲、中美洲、非洲和东南亚）的花粉化石的 DNA 测序，考察了热带森林在遭到外部干扰之后的复原速度。她发现，森林复原的时间存在巨大差异。有些地区恢复迅速，只用 30 年就重新形成了森林，有些地区则花了将近 500 年才再次成为森林。热带雨林的平均复原速度为 250 年。同一地域的不同地区之间也有一些显著差异。中美洲的森林恢复最快，南美洲的恢复最慢。干扰的类型也影响复原速度：相比人类的干扰，被自然灾害（如飓风和火灾）摧毁的森林的复原速度要快得多。这些复原速度的差异说明了什么，还有待于进一步的研究。

装饰城市景观的树木也具有影响“碳预算”的潜力。最近的一项研究估计，美国城市地区的树木吸收的碳总量约为 6.43 亿吨。这些树木每年吸收约 2560 万吨的大气碳，约占全球总量的 1%。这个比例虽然听起来很小，但它对改善城市生活环境意义重大。城市居民可从办公室窗口欣赏树木景观，午餐时间可坐在树下享用三明治，呼吸由树木帮助调节的新鲜空气。

那么，邱园的 14000 棵树对改善伦敦的空气究竟有多大的贡献呢？采用研究美国城区树木的类似方法，邱园的植物分类学家蒂姆·哈里斯（Tim Harris）得出结论，即使是在伦敦西区的这个小角落里，这些树木每年即可吸收多达 8.6 吨的二氧化碳。

由大气中二氧化碳含量增加而带来的风险是一个全球性问题。理解在何时何地需要保护什么，很可能会对降低这种风险产生巨大的影响。同时，我们还需要降低由于植物和动物的减少和灭绝而给人类带来的危险。

以蜜蜂为例。过去十年中，在整个欧洲和美国，蜜蜂的数量一直急剧下降，这已经导致相关的授粉和生态系统服务减少。蜜蜂数量骤减的原因是复杂的，而且人们对此知之甚少。不过，在分子水平上对生物多样性的一项研究提供了有趣的解释，可能有助于解决这个问题。

据估计，邱园的树木每年吸收 8.6 吨二氧化碳

说来也巧，咖啡在这个问题上发挥了作用。我们知道，植物利用咖啡因来抵御草食性昆虫。毫不奇怪，在苦咖啡豆和茶树的嫩叶中都可以发现咖啡因的这种作用。然而，邱园的科学家菲尔·史蒂文森（Phil Stevenson）及其同事发现，咖啡植物的花蜜中也存在咖啡因。当然，花蜜是植物为诱惑自然授粉者进入花朵而提供的奖赏，所以，咖啡植物的花蜜中的咖啡因浓度低于蜜蜂的味觉阈值，因而它的苦味不会阻止蜜蜂采蜜。相反，史蒂文森团队的研究结果表明，咖啡因可以增进蜜蜂对于相关花朵的记忆。众所周知，为使蜜蜂能够识别和记住好的食物选择，花卉的气味、颜色和形状等特征是至关重要的。饱含咖啡因的花蜜提供的线索比其他植物更清晰，蜜蜂似乎更容易记住，所以便经常访问这类植物，从而更好地和更频繁地为它们授粉。各种植物之间如何竞争来获得吸引授粉者的优势，真是一个令人着迷的问题。

人们正在研究如何利用咖啡因的增强记忆效应来训练商业蜜蜂。农民购买这种蜜蜂来提高浆果的授粉率。举例说，草莓需要在几天内接受数次授粉，才能确保其质量和产量，以满足英国消费者的标准要求。但是，由于野生授粉率在下降，不能提供足够的授粉服务，所以，农民需要花费相当大的开支引进大黄蜂群来加强授粉，才能确保丰收。然而，草莓田周边的绿篱植物往往令这些商业蜜蜂分心，从而降低了它们为草莓授粉的效率。针对这个问题，邱园的科学家正在进一步训练这种商业蜜蜂，通过将从草莓花中提取的缓释草莓气味混入含有咖啡因的蜂巢补充食物中，来增进蜜蜂对草莓花的觅食专注力。比起其他物种，这些蜜蜂会更记得去寻找草莓花，从而提高草莓授粉率及产量，降低生产成本，并且减少对野生物种及其自然授粉者的冲击。

众所周知，棕色小颗粒的甜香咖啡豆（阿拉比卡咖啡）可以烤来吃，亦可以制作饮料。现在我们又了解到，它还可以用来帮助蜜蜂识别草莓植物。这个有趣的例子仅代表了尚未开发的生物多样性用途的冰山一角。大到森林，小至分子化合物，生物多样性在提供调节服务和减少环境风险方面的巨大潜力尚未充分发掘，它的价值远未实现。发掘生物多样性的潜力，计算它的经济价值，将有助于我们理解植物对人类生活的重要性。

第 24 章

绿色圣土：为人类造福

讷尔默达河畔的印度圣树林，1782 年

赫斯特库姆花园（Hestercombe Gardens）的层叠瀑布，18世纪50年代由科普勒斯通·沃尔·班菲尔德（Coplestone Warre Bampfylde）设计

观念变了，词语的含义也就会随之变化。在过去，“绿色”是指一种颜色，而现在它代表了一种生活方式、一种哲学理念或者一种政治意愿。我们的政府希望创造“绿色纪录”（对此，前几代的政治家会感到困惑，他们心目中的“绿色”是一个高尔夫球场，而不是一位“绿党”候选人）。在国际层面上，联合国已经提出了“绿色经济”的概念，而在几十年前，这种搭配是毫无意义的。

人与自然的关系，已经成为人类的政治活动、后代教育、经济运营和建筑设计的一个组成部分。正如第 23 章中所阐述的，若要从这种关系中获得我们想要的东西，便需要有一种方法来测算它们的价值。就像其他任何一种服务一样，自然为我们提供了服务，我们需要将植物作为全球计划的一个元素，进行量化和评估。这是一种新的理念，由此出现了一些新的术语，如“自然资本”“生态系统服务”等。其中公认最重要的是支持人类福祉的服务。生物多样性除了帮助调节人类居住的地球环境，还为我们提供了审美、精神、教育和娱乐服务。

城市尤其需要有公园和树木来美化居民的生活环境。伦敦在这方面一直都做得非常出色。若从建筑艺术的角度来评价伦敦，借用一位敏锐的观察者、作家彼得·阿克罗伊德（Peter Ackroyd）的话说，它或许是“一个丑陋的城市”，但是，伦敦的公园堪称欧洲最美的城市景观之一。

这些公园，连同游乐园和居民住宅的后花园，是城市中活跃的生物多样性绿岛，为各种野生动物提供食物和栖息场所。但是，我们保护生物多样性不单纯是为了野生动物的生存，同时也是为了我们自身娱乐和休闲的需要。这些绿地对人也很重要，它们是提供生态系统服务的重要资源和有价值的自然资本。

邱园无疑为大众提供了娱乐和休闲服务。当然，这里也是一个严肃的科学研究基地。然而，这两种功能并不总是和谐并存、毫无冲突的。

19 世纪的浪漫主义艺术运动从大自然中获得灵感。康斯特勃和特纳等画家捕捉了无数的雄伟景观；华兹华斯和柯尔律治等诗人在英国湖区（Lake District）漫步，创立了一门完整的自然哲学；门德尔松和贝多芬等作曲家通过风暴和海景表达了深刻的心理洞察。很少有人比美国作家亨利·大卫·梭罗（Henry David Thoreau）更身体力行，他在马萨诸塞州的一个湖边小木屋里生活了两年两个月零两天的时间。他说：“我住到树林中去，因为我希望有意识地尝试一种生活，仅仅面对最基本的事实，看我是否能够悟出生活的真谛，并且，我不会在生命终结之时，才发现自己没有真正地生活过。”1854 年，梭罗写了《瓦尔登湖》（*Walden*）一书，详尽记述了湖边生活的体验，从此成为自然主义者的偶像。

严肃的科学家没有时间琢磨这类东西，如邱园的园长约瑟夫·胡克，他很少想到植物园应该是一个面向大众的高雅休闲场所。胡克严厉地说，邱园的“主要目标在于科学性和实用性，而不是娱乐性”。这不是一个“单纯娱乐或消遣的地方……供某些人玩一些粗野的游戏”；他们可以去当地的公园嬉戏玩耍，欣赏市政府种的那些“骇人的”植物，但是请不要到邱园里来。胡克坚持，除了植物专业的学生和艺术家可在上午进入，其他人一概免进；并强烈地抵制延长向公众开放时间的动议。

更多的民主派人士，包括议员阿克顿·斯米·艾尔顿（Acton Smee Ayrton），则持相反的观点。艾尔顿是英国公共工程局（Office of Works）的局长，该机构在1850年从林务局（Woods and Forests Department）手中接管了邱园。艾尔顿认为，民众对植物学和园艺的兴趣不断增长是一件好事。特别是对于妇女来说，在科学界几乎完全是男人领地的时代，植物园提供了一个竞技场，使她们可以倾注自己的兴趣和热情。结果，以秋海棠为导火索，约瑟夫·胡克和艾尔顿之间发生了一场激烈的争执，甚至带上了个人恩怨的色彩。胡克的坏脾气臭名昭著，使事情变得更糟。连支持者和朋友达尔文都说胡克“容易冲动，脾气有些暴躁”。邱园和大英博物馆的博物学部（后来成为自然博物馆）之间，也发生过一次激烈争战，他们各自坚称有权保留重要的植物收藏。当艾尔顿表现出偏袒自然博物馆的理查德·欧文（Richard Owen）时，矛盾白热化了。艾尔顿主张将邱园的珍贵植物标本馆迁到南肯辛顿的博物学部，这样一来，邱园所剩下的就同一座公共花园相差无几。最终，由于达尔文和地质学家查尔斯·莱尔（Charles Lyell）的支持，胡克获得了胜利。经过议会两院辩论决定：邱园保留至关重要的植物收藏，艾尔顿不再负责监管邱园。不久之后，艾尔顿竞选下届议员也告失败，这无疑令胡克相当满意。

胡克或许赢得了这场战斗，但他并没有赢得整个战争。最终的结果是，邱园虽然继续成为一个卓越的科研中心，而不仅是供公众

NOTICE

IS HEREBY GIVEN,

THAT BY THE

GRACIOUS PERMISSION OF HER MAJESTY,

THE

ROYAL

PLEASURE GROUNDS

AT KEW

Will be opened to the Public on every Day in the Week from the 18th of May, until Tuesday, the 30th of September, during the present Year,—on Sundays, from 2 o'clock P.M., and on every other Day in the Week from 1 o'clock P.M.

THE ACCESS to these Grounds will be in the Kew and Richmond Road, by the "Lion" and "Unicorn" Gates respectively; and, on the River Side of the Grounds by the Gate adjoining to the Brentford Ferry; the Entrance Gates to the Botanic Gardens on Kew Green being open as heretofore.

Communications will be opened between the Botanic Gardens and the Pleasure Gardens by Gates in the Wire Fence which separates the two.

It is requested that Visitors will abstain from carrying Baskets, Parcels, or Refreshments of any kind into the Grounds. Smoking in the Botanic Gardens is strictly prohibited. No Dogs admitted.

By Order of the Right Honourable the First Commissioner of Her Majesty's Works, &c.

Office of Works, April 15, 1856.

邱园公布开放时间的海报，1856 年

享乐的场所，但它也必须对社会开放。今天的科学家们都很明白这一点，邱园可以，而且必须承担这两项功能，二者对人类社会和福祉是同样重要的。最终，对人类健康是极为必要的。

正如第 1 章所介绍的，中世纪的“草药园”是植物园最早的形式，专门种植草药和药用植物。草药园从 16 世纪开始兴起，为一些大学的医学院提供药材，诸如意大利的比萨大学和帕多瓦大学、法国的蒙彼利埃大学。草药园也是学习和研究的场所：在古希腊，人们会聚集在一片橄榄树林中，研习学问，辩论观点，这即是“学术领域”（Groves of Academe，字面意思为“学术之林”）一词的起源。

许多早期的园丁－医生都是僧侣或其他宗教人士，他们在修道院的花园里劳动、修炼并祈祷。现在一如既往，花园仍然是食物和药物的一个供应源，也是人们放松精神和静修默想的好处所。它拥有自然资本，并提供生态系统服务。

自然保护地和宗教之间的关联一直是非常紧密的。美索不达

莱顿植物园的平面图，1720 年

米亚和埃及的神庙里都有花园。遍布印度的圣树林是印度教的“活寺庙”。佛教园林在中国和日本都十分兴盛。日本神道教的神社往往建有圣园，其中日本雪松（Japanese cedar）备受尊崇。古代挪威人也有圣树林，林中的每棵树都是神圣的，人们在树下举行人祭仪式。在中世纪的欧洲，男子和女子的修道院里都建有“玛利亚花园”，遍植象征圣母的花卉和树木，其用意是让访客更接近上帝。正像《圣经》中记载的，三位名叫玛利亚的妇女曾在复活节访问客西马尼园（Garden of Gethsemane），那里是耶稣生前经常祈祷和沉思的地方。

“不止在英国，而且在世界各地，以及许多异教徒的圣地，”开放大学的肖恩尼尔·巴格瓦特说，他的研究课题包括自然保护区与圣地之间的关系，“这些圣地的形式通常是用石块围成一个圆圈或一道墙，周围生长着一些古老的植物。英国有几千株古老的红豆杉，人们已经对它们做了一些研究，并撰写了有关论文。”英国的许多古老教区墓地里生长着参天古树，繁茂的枝叶下安息着数百年来过世者的灵魂，这些古树的精神意义是毋庸置疑的。作家托马斯·哈代（Thomas Hardy）的诗歌《变形》便揭示了树与人之间生命循环的深刻关系：“这株红豆杉的一部分，必是我祖先的相识人……”

巴格瓦特说：“圣地的形式和形态彼此迥异。”一项研究发现，天然圣地存在于寺庙园林、自生林、河岸、湖畔、海岸线上，有的圣地甚至是农林业项目的一部分。广泛而多样化的地域分布使得圣地成为保存生物多样性的理想资源。

印度是一个很好的例子。根据该国科学与环境中心的统计，今天在印度有 14000 片圣树林。由于这些树林具有特殊地位，当地社区把它们保护起来，从而使之避免了伐木等活动的破坏。从拉贾斯坦邦（Rajasthan）的灌木林到喀拉拉邦（Kerala）的热带雨林，这些圣树林成为生物多样性的宝库。在梅加拉亚邦（Meghalaya）地区的一片圣树林里，有一半种类的植物被当地植物学家列为稀有物种，其中有些一直被误认为已从该地区消失了。

有些圣树林是当地传统药用植物的唯一栖息地，例如茅瓜（*Melothria heterophylla*），这是一种可食性的桑树属植物，还有纳塔纳树（nataknar），可为当地尊贵的牛治疗胃病。其他有的圣树林里生长着开花灌木刺黄果（*Carissa carandas*），它的根和花可用于治疗疥疮、发烧和肠胃功能紊乱。圣树林也是一种社区菜园。印度西部的村民常到林中去采集食物，如雷查花椒（*Zanthoxylum rhetsa*）上的

竹柏

浆果，并用其干花做烹饪香料。印度西部康坎（Konkan）海岸的树林里生长着一种可食的小蘑菇，叫作吉特利（chitlea）。

在马哈拉施特拉邦（Maharashtra），村民开始对圣树林里的各种植物和生物进行普查登记，这是出于一个很实际的想法。当地一所小学的老师达摩·罗坎德（Dharma Lokande）说："很多人跑到这儿来，他们似乎都对生长在这里的树木和其他植物感兴趣。这激起了我们的好奇心，到底是什么东西吸引来了这么多有学问的人？所以，我们便开始登记当地的树木及所有植物。最根本的目的是要防止外界，特别是制药公司，利用我们的无知来侵占我们的利益。"

一些圣地成为稀有物种的栖息乐土。在日本贺茂御祖神社的圣树林中，生长着大约 40 种落叶乔木，包括 600 多岁的榉树和朴树等，它是京都南部地区唯一留存下来的荒野之地。在新潟县的弥彦神社，圣树林里有一株锥栗（chinquapin），被单独奉养在一片用石头围起来的圣地里。日本的其他圣树林，如冲绳的斋场御岳，是本土树木的天堂，譬如八重山椰子（kubanoki）和冲绳樟树（*Cinnamomum yabunikkei*）。在奈良的春日神社，圣树林里有一片竹柏（*Podocarpus nagi*），连同 100 余种其他树木和灌木，包括春日雪松（kasuga cedar）、赤皮栎（ichii oak）和马醉木（andromeda）等。1998 年，这座圣树林被联合国教科文组织列为世界文化遗产保护地。

生物多样性的环境可以充实人们的"精神生活"，不管你是否信奉宗教。邱园园艺部主任理查德·巴利（Richard Barley）说："很多树林，诸如美国加州内华达山脉（Sierra Nevada）的成年红杉林、澳大利亚的山地白蜡木林、英国的山毛榉林，当你身处其中，都能够产生一种非常强烈的心灵感受。"肖恩尼尔·巴格瓦特热衷于强调所有这些圣地的联系和相互依存关系："当我们谈到有大量人类活动的地球上的自然保护问题，最重要的就是绿地网络的概念。一棵树或一小片树林，对自然保护来说，可能被认为是微不足道的，但如果把这些孤立的点视为整个网络的组成部分，就形成了一种全新的自然观。我们可以将地球上的天然圣地比喻为人体的经脉穴道，它们具有生理和心理治疗的功能。而且，各个穴位之间的关系至关重要，不应被视为彼此孤立的。”具科学价值的生物多样化的大自然同人类的沉思静修活动相辅相成，同时提供了自然资本和生态系统两种服务。邱园就是其代表，将这两者很好地结合了起来：一方面领导科学研究，一方面为来自伦敦和世界各地的游客提供令人振奋的漫游植物世界的体验。

植物园保护国际联盟（Botanic Gardens Conservation International）最近提供的一份报告说：“植物园采取了试验性的举措，以扩大参观者的范围，并关注和满足社区的问题及需求。”但是，该报告指出，英国的130余家植物园中，很少充分挖掘潜力而成为“解决人们所关注的社会和环境变化问题的一种重要场所”。该报告希望人们了解并且享受植物的乐趣，理查德·巴利说：“我始终强烈地意识到，需要有计划地提供丰富的和令人兴奋的融合感官体验，同时确保我们的生物收藏的基础价值和完整性得到增强。”报告提出：“在这个社会里，许多人的生活愈来愈脱离大自然。但是，据预测，在21世纪的进程中，来自气候变化和物种灭绝的威胁将会不断增加，从而影响人们的生活。这时植物园可以扮演重要角色，将人们与植物世界重新联系起来。”

切尔西草药园（Chelsea Physic Garden）举办的“开架式生物”计划是一个成功吸引游客的范例。其具体做法是，在人们熟悉的产品包装中栽培特定的植物，比如，在空饼干罐里种小麦苗，在空土豆脆片罐里种马铃薯，在空花生酱罐里种花生，等等。游客很喜欢这个节目。孩子们惊奇地发现了植物同用它制作的食品之间的联系。这种做法是某些荒谬情境的解药：据说有一个可能是讹传的故事，老师让小孩子们画一只鸡，结果他们只会画包装在保鲜膜里、贴有特易购（Tesco）超市标签的鸡。

巴利证实说："绝大多数植物园日益认识到满足参观者需要的重要性，因而举办了五花八门的活动，为游客提供各种有趣的体验……馨香四溢的花园、大胆的视觉设计、美妙的音响，以及适宜儿童嬉戏的场所等，确保游客能够积极参与，留下难忘的、深刻的，甚至促进思想提升或改观的体验。"

巴利十分欣赏"游击式园艺"(guerilla gardening)，即由一些精通园艺的玩家来"接管"无主或废弃的空地，将之改造成花圃、菜地和林园。"这个主意太妙了，"他说，"这些人既为公众造福，又利用了大自然赐予的机会大显身手，实在是一举两得。"

绿色空间有许多类型。保护它们的生物多样性无疑是有利于地球环境的，同时，对增进人类福祉也大有裨益。

第 25 章

无尽财富：伟大的供应者

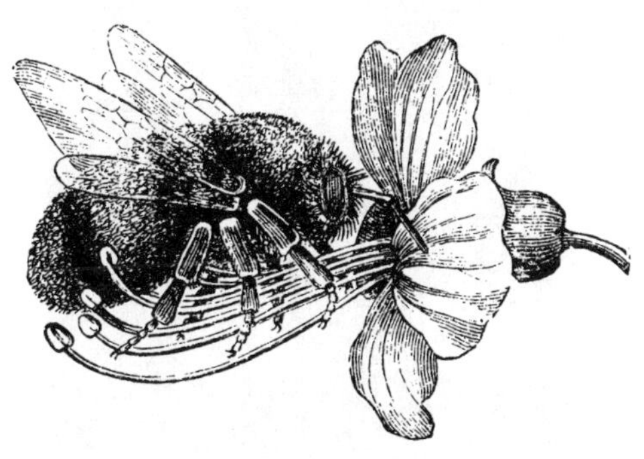

蜜蜂授粉，版画

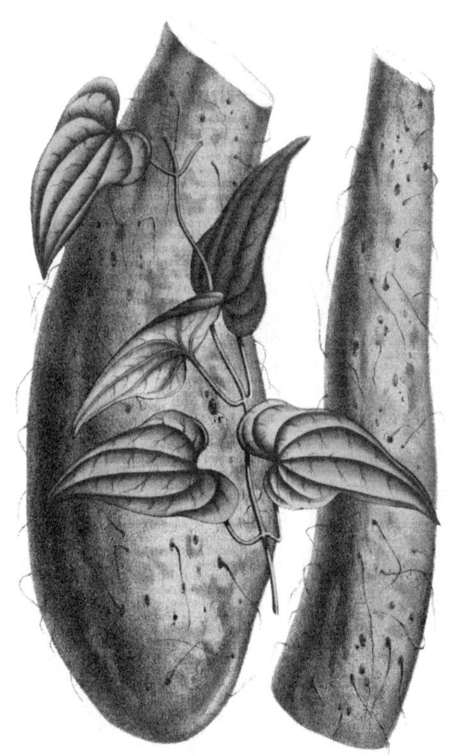

DIOSCOREA BATATAS. Dcne.
Igname de Chine. (Rhizôme de grand nat.)

山药是很有价值的“新”粮食作物

在 18 世纪后期，当约瑟夫·班克斯领导的邱园处于起步阶段时，英国的前景十分乐观。帝国和工业为西方的运输和贸易带来了许多新的机会。尽管许多人仍然面临饥饿的问题，但从总体来说，医疗进步和财富增长改善了人们的健康状况，出生率也因此提升。人们考察了世界上的各种植物，发现了大量对科学或经济发展有潜在用途的物种。如第 2 章所解释的，班克斯希望利用这种新兴的植物资源，开发世界上的所谓“荒地”，提高生产力，以满足英国人口增长的需要，同时促进帝国的不断发展壮大。

班克斯没有实现他的全部目标，但他的继承人在世界各地陆续建立了植物园，协助开发出利润丰厚的植物类商品。在邱园的协助下，英国殖民地种植了大量的经济作物，咖啡、橘子、杏仁、橡胶、红木，这只是其中的几种。1898 年，殖民地大臣约瑟夫·张伯伦（Joseph Chamberlain）在下议院正式向邱园致谢：“我认为可以毫不夸张地说，目前几个重要殖民地的繁荣发展，都应当归功于邱园提供的知识、经验以及各种帮助。”

殖民地时代的任务并未悉数达成。大英帝国解体之后，获得独立的国家竞相效仿前殖民者的开发步伐。但直到今天我们才逐渐认识到，工业化的进程显著改变了全球的气候。人类注重农业发展和城市建设的活动改变了大自然的生态系统，损害了维持地球可居住性的重要生态系统服务。预计到 2050 年，地球人口将从目前的 71 亿上升到 97 亿，而额外可供耕作的土地资源是有限的，届时如何养活全世界的人口，将是一个相当大的挑战。

尽管大英帝国遗留下来的一些问题令人感到不舒服，我们在修复地球近期遭到的破坏的工作中，还是可以借鉴班克斯的某些远见卓识。首先，无论采用什么方法来协助解决当前最关键的问题，都必须在全球范围进行有效的合作，因为气候变化、生物多样性丧失和环境污染等问题，都是超越国界的世界性问题。而且，正如班克斯看到了植物潜在的商品价值一样，我们也需要理解世界生物多样性的经济价值。今天的经济模式是以生产和消费的增长为基础的，因此，应当从生产和消费的增长中减去这些经济活动给生态环境带来的破坏及损失，才能最后得出经济增长的确切数字。采用这种计算方式的目的是，给生态系统及其提供的服务定一个合理的价格，从而让政府和企业清楚地认识到它们给社会带来的经济价值和对人类福祉的贡献。如果不保护生物多样性，人类就要承担失去它所提供的服务的风险。而且，人们往往事后才意识到，用人造服务来替代这些自然服务，往往耗资更大，并且对世界上最贫穷的人口造成的负面影响更大。

邱园作为世界植物学研究的中心已达两个半世纪之久，对于协助解决世界范围的气候变化和土地使用带来的挑战，并且就增强地球资源的可持续性问题展开研讨及采取相关措施，均做出了卓越的贡献。在探讨植物和真菌对人类的作用方面，邱园的“千禧种子库”、植物标本馆和真菌标本馆里无与伦比的收藏，连同在那里工作的分类学家、系统学家和遗传学家们，堪称世界上的一个知识和智慧的宝库。邱园的 300 多名科学家和技术人员对世界植物区系，包括那些具有成为食品、燃料和大宗商品潜力的物种，有着深入的理解和丰富的知识，而且，或许最重要的是，邱园储存的从活植物组织搜集而来的遗传物质不断增加，从而能够有助于找到一种切实可行的方法，将基因的多样性和抗御力复原到现代农作物之中，来应对生物多样性丧失和气候变化造成的影响。

普华永道国际会计师事务所进行了一项研究，计算出了现代作物的具基因多样性的野生近缘种的经济价值。正如第 14 章中解释的，这些作物的野生近缘种具备一些有价值的性状，譬如耐旱和抵御气候变化的能力。由于可使产量更高、味道更好的基因总是受到青睐，其他有价值的性状在许多现代作物的培育过程中已被淘汰了。然而，假如要想应对可预期的未来气候变化，作物便需要能够

人类摄入能量的 60% 依赖于三种作物：水稻、玉米和小麦（图中所示为小麦）

适应多变的天气。唯一的解决办法是找到现代农作物的具基因多样性的野生近缘种，并利用它们来确保所需性状被培育、复原到现代农作物品种之中。普华永道得出的结论是，对于世界农业产业来说，今天的农作物的野生近缘种的货币价值为 2000 亿美元。

普华永道的合伙人之一理查德·汤普森（Richard Thompson）解释了这一结论是如何计算出来的：

> 我们分析了很多数据，同这一产业中的 40 个人进行了交谈，尽可能多地搜集信息，论证利用野生近缘植物而获得收成改良的结果。然后将这个结果转换为一个大的财务模型，其中将“对收成的影响设为 X”。我们创造了一套假设，试图确定观察到的收成改良中的哪些部分是由利用野生近缘种的性状而导致的。之后，按照作物的出厂价，计算出这部分收成的美元价值。我们首先从小麦、大米和马铃薯入手。选择这三种作物，是因为它们在全球范围广泛种植，并且在野生近缘种的影响方面已经积累了相当多的研究成果。用上述研究结果来推断利用野生近缘种的其他所有作物，最后便得出了总收益 2000 亿美元这个数字。

这个巨大的数字似乎令人难以置信，但的确有充分的证据表明，利用野生的近缘植物可为提高产量带来可观的经济效益。以 19 世纪中期摧毁爱尔兰农业的马铃薯晚疫病为例，其造成如此严重的损失，其中一个原因是，当时的农民普遍种植品种单一的“兰坡”（lumper）马铃薯。它是无性繁殖植物，这意味着所有的马铃薯都具有相同的遗传基因。更糟糕的是，“兰坡”特别容易感染晚疫病菌。为现代马铃薯品种增加遗传多样性，是当今农民采用的避免晚疫病灾难重演的一种有效方法。

“有多项研究表明，利用野生近缘种的基因可使马铃薯晚疫病的影响降低 30%。”理查德说，“换句话说，通过利用一定的野生近缘种，马铃薯产量的效益可提高 30%。当你把整个供应链计算进去，它为这个产业带来的价值是非常可观的。”

另外有的研究评估了生物多样性（包括授粉）提供的生态系统服务为个体农民带来的效益。众所周知，昆虫（特别是蜜蜂）授粉是许多植物，从苹果、洋葱到卷心菜的繁殖所必需的。而人们尚未充分理解的是，假如没有适当的景观特征，包括农田附近的合意筑巢栖息地，授粉率便将严重降低，这是因为大多数蜜蜂飞行不超过 1 公里便需要补充食物。所以，如果为蜜蜂提供栖息地的生物多样区块减少了，附近农田里的庄稼就会受到显著影响。

世界野生动物基金会（World Wildlife Fund）、美国斯坦福大学和堪萨斯大学的研究人员试图证明保护农业景观内生物多样的森林区块的潜在经济价值。他们合作进行的研究项目清晰地展示了这一点。科学家们利用农产品产量和市场价格，估算出蜜蜂授粉可能给一家咖啡农场带来的利润的货币价值。该农场地处哥斯达黎加，蜜蜂则生活在农场附近的热带森林区块中。

他们发现，咖啡农场同这些生物多样的森林区块（蜜蜂的重要栖息地）之间的距离直接影响咖啡的产量。距森林区块约 1 公里以内的农场的作物产量，要比较远距离之外的农场高 20%。在毗邻繁茂树林的农场，由于蜜蜂高效授粉，使“珠粒”（当咖啡果中的两粒种子只有一粒受精，结出的咖啡豆就较小，故称“珠粒”）的产生概率减少了近 27%。据研究人员计算，2002—2003 年，由栖息在森林区块中的蜜蜂授粉带来的经济收入每年约等同于 6 万美元。保护这类区块可增进生物多样性并维系生态系统服务。计算出这一类服务（如碳吸收和水净化）的经济效益，将有助于制订这类服务的价格，支付给土地所有者，从而鼓励他们保护农业区及居住地中的森林区块。

咖啡业特别容易受到生物多样性丧失和气候变化的影响。咖啡是一种很不寻常的商品，虽然共有124个已知品种，但用于商业化生产的主要有两种：阿拉比卡咖啡（*Coffea arabica*）和罗布斯塔咖啡（*Coffea robusta*）。咖啡产业选用的物种主要是阿拉比卡咖啡植物，因为它生产出的咖啡的味道最佳。这种植物可能原产于埃塞俄比亚，约50万到100万年前在某个偶然事件中，由两种咖啡*C. canephora*和*C. eugenioides*杂交而形成。阿拉比卡咖啡自15世纪开始传播，农民种植的往往是从单一的咖啡植物繁殖的物种，其遗传多样性日益减少。邱园标本馆的咖啡属植物研究主管阿龙·戴维斯（Aaron Davis）说："今天世界各地咖啡园的咖啡植株和你在埃塞俄比亚所能找到的咖啡比起来，可能只有不到1%的变异。"

今天，这些咖啡植物在世界贸易中是发展中国家出口价值排名第二的商品。咖啡业支撑着全世界2500万个农业家庭超过一亿人的生计。虽然某些有益的遗传性状，如抗病或耐旱的性状，可以被培育、复原到基因欠缺的咖啡品种中去，但是，这个任务显然是十分紧迫的。据邱园在2012年做的一项研究发现，在埃塞俄比亚和南苏丹，气候变化会导致适宜野生阿拉比卡咖啡生长的环境缩小，到2080年可能缩小65%，甚至全部消失。这对该行业的未来影响非同小可。"2080年的环境同现在不会是一样的，"邱园地理信息系统部门的贾斯廷·莫特（Justin Moat）参与了一个研究未来气候变化情况的分析模型，他解释道："我们现在知道将来的气候条件可能是什么样的，所以能够提供某种指南，比方说，如果要种植咖啡的话，就在这里种植，或者可以转移到那里去种

阿拉比卡咖啡的植株

植。我们还是有一些应对和补救办法的；我们掌握足够的信息，时间也还来得及。”

同样值得欣慰的是，假使阿拉比卡咖啡最终无法维系下去，我们还可以尝试一些目前尚未开发的咖啡品种。不过，这些品种的许多栖息地也受到了威胁，尤其是商业开发占用土地的威胁，这不免令人担忧。有61个咖啡品种的马达加斯加就是其中的例子。非商业性的咖啡也可能会带来其他的经济利益。19世纪的探险家戴维·利文斯顿（David Livingstone）声称，他曾在非洲撒哈拉以南地区看到人们用咖啡木材来建造棚屋。咖啡树确有可能用来制造家具，因为其木材笔直、致密、坚硬，在一定程度上能抵御白蚁。它的果实和叶子也被用作食物（绿咖啡豆用作减肥剂），它的叶子可制茶，果实的肉质部分可榨汁制作其他饮料。

在开发“新型”粮食作物方面，山药（yam）大有潜力。热带地区有600余种山药，包括特有的野生物种和价值很高的栽培品种。在热带和亚热带地区，山药是一个主要的食物来源，尤其是在西非；但是，在生产谷物的地区，人们往往忽视了山药。尽管如此，假如其他作物没有收成了，它将是一个重要的后备粮食供应源。“山药是饥荒期的一种食物，”邱园标本馆的山药专家保罗·威尔金（Paul Wilkin）解释说，“每当收成不好时，人们就吃山药为生。”

全球面临着气候变化和人口增长的紧迫挑战，后者在非洲和亚洲尤为严峻，山药很可能是目前粮食作物的有效替代品。作为块茎类植物，它们可在地下储存能量，健壮生长。山药也很适应干燥的气候。稻米和玉米之类的谷物则需要大量的水才能生长，遇到旱灾时经常歉收。如威尔金所解释的：“山药是未来的一种很好的、安全的粮食选择，科学家们可以开发培植山药的途径，使之更适合常规的农业生产方式。目前，它是我们所称的一种‘孤儿’作物——没有得到世界金融系统的充分关注。山药可能不是每个人都喜欢的食物，但从确保世人不再遭受饥馑之苦的角度来考虑，它们是一个很好的选择。”

咖啡和山药的例子表明，对于识别潜在的新型商品来说，邱园所掌握的植物学智慧宝库有多么重要。实际上，这正是由乔治三世和维多利亚时代的托管人所指派给邱园的重要任务。倘若约瑟夫·班克斯重返邱园，他定会赞同邱园当今奉行的宗旨——运用其积累 250 余年的无与伦比的专业知识，帮助确保食物和饮料的稳定供应源，为人类的未来造福。班克斯极其重视发掘绝大多数植物的经济潜力，假如他得知邱园在创造工业产业（诸如橡胶业）过程中所发挥的积极作用，无疑会感到非常高兴。（但愿他也会承担某些责任，包括殖民地的企业对人类福利及与之密切相关的植物世界所

非洲几内亚湾沿岸国家是山药的高产地区，图为加纳阿散蒂人（Ashanti）的山药节庆典场面，1817 年彩绘

造成的一些破坏性影响。）

不过，最令班克斯感到惊喜的遗产，或许是那株可食用植物非洲苏铁（南非大凤尾蕉），它是由班克斯派遣的第一位植物搜集者从海外带回来的，至今仍在棕榈屋里茁壮生长。正像是邱园本身一样，自它 18 世纪以来一直处于植物学研究的中心，目睹了该领域的巨大变化和发展；在未来的许多年里，它仍将欣欣向荣，充满生机。

致　谢

在本书的制作过程中，众多人士提供了有益的建议和编辑协助，作者在此一并表示诚挚的感谢：邱园的比尔·贝克、理查德·柏利、亨克·毕恩特、保罗·坎农（Paul Cannon）、马克·蔡斯、柯林·克拉布、阿龙·戴维斯、史蒂夫·戴维斯（Steve Davis）、伊恩·达比希尔、布林·当坦热、约翰·德兰斯菲尔德、劳伦·加德纳（Lauren Gardiner）、蒂姆·哈里斯、安德鲁·杰克逊、托尼·柯卡姆、杰弗里·凯特（Geoffrey Kite）、伊利亚·利奇、韦斯沃巴兰·萨拉撒恩、安德烈·舒特曼（André Schuiteman）、莫妮克·西蒙兹、奈吉尔·维奇（Nigel Veitch）、露西·史密斯、保尔·史密斯、沃尔夫冈·斯塔佩、斯科特·泰勒、奥利弗·惠利（Oliver Whaley）、保罗·威尔金；伦敦林奈学会的琳达·布鲁克斯（Linda Brooks）和吉娜·道格拉斯（Gina Douglas）；开放大学的肖恩尼尔·巴格瓦特；英国广播公司（BBC）的简·埃利森（Jane Ellison）、凯蒂·波拉德（Katie Pollard）、阿德里安·沃什伯恩（Adrian Washbourne）和珍·怀恩提尔（Jen Whyntie）；约翰·默里出版公司的乔治娜·雷考克（Georgina Laycock）、卡罗琳·韦斯特摩（Caroline Westmore）、朱丽叶·布里特莫雷（Juliet Brightmore）、萨拉·马拉菲尼（Sara Marafini）和阿曼达·琼斯（Amanda Jones）。

邱园的吉娜·富勒拉乌（Gina Fullerlove）、马克·内斯比特以及吉姆·恩德斯比对整个书稿进行了审评；克雷格·布拉夫（Craig Brough）及邱园图书馆和档案馆在研究过程之中提供了检索出版文献的帮助，在此一并致以衷心的感谢。

除上述人士之外，还要感谢琳恩·派克（Lynn Parker）、朱丽亚·巴克利（Julia Buckley），以及邱园图书馆、艺术和档案馆的其他成员；邱园的摄影师保罗·立特尔（Paul Little）和安德鲁·麦克罗伯（Andrew McRobb）。此外还有希瑟·安吉尔（Heather Angel）、伯格那·阿吉雷－哈德森（Begoña Aguirre-Hudson）、克里斯汀·比尔德（Christine Beard）、伊莲·查瓦特（Elaine Charwat）、蒂姆·哈里斯、克里斯托弗·米尔斯（Christopher Mills）、劳拉·马丁内兹（Laura Martinez），琳恩·默达贝利（Lynn Modaberi）、维姬·墨菲（Vicky Murphy）、莎拉·菲利普斯（Sarah Philips）、安娜·奎拜（Anna Quenby）、格雷戈·雷德伍德、雪莉·舍伍德（Shirley Sherwood）、米希尔·范·斯拉格伦（Michiel van Slageren）、里安·史密斯（Rhian Smith）和玛丽亚·沃龙佐娃（Maria Vorontsova）。

最后，要特别感谢本书的写作团队成员：凯茜·威利斯、卡罗琳·弗莱、诺尔曼·米勒（Norman Miller）和艾玛·汤森，他们的共同努力促成了本项目的圆满成功。

延伸阅读

Allan, Mea, *The Hookers of Kew, 1785–1911*, Michael Joseph, 1967.

Banks, Joseph, *The Journal of Joseph Banks in the Endeavour, 1768–1771*, Genesis Publications, 1980.

Banks, R. E. R., Elliott, B., Hawkes, J. G., King-Hele, D. and Lucas, G. L.(eds), *Sir Joseph Banks: A Global Perspective*, Royal Botanic Gardens, Kew, 1994.

Bateman, James, *The Orchidaceae of Mexico & Guatemala*, Ridgway & Sons, 1837–1843.

Blunt, Wilfrid, *Linnaeus: The Compleat Naturalist*, Frances Lincoln, 2004.

Brasier, Clive, 'New Horizons in Dutch Elm Disease Control', *Report on Forest Research*, HMSO, 1996.

Chambers, Neil (ed.), *Scientific Correspondence of Sir Joseph Banks, 1765–1820*, Pickering and Chatto, 2007.

Colquhoun, Kate, '*The Busiest Man in England': A Life of Joseph Paxton, Gardener, Architect and Victorian Visionary*, Fourth Estate, 2006.

Craft, Paul, Riffle, Robert Lee and Zona, Scott, *The Encyclopedia of Cultivated Palms*, Timber Press, 2012.

Darwin, Charles, *On the Origin of Species by Means of Natural Selection*, John Murray, 1859.

Desmond, Ray, *Sir Joseph Dalton Hooker: Traveller and Plant Collector*, Antique Collectors' Club, 1999.

——, *The History of the Royal Botanic Gardens, Kew*, 2nd edn, Royal Botanic Gardens, Kew, 2007.

Dransfield, John, Uhl, Natalie W., Asmussen, Conny B., Baker, William J., Harley, Madeline M. and Lewis, Carl E., *Genera Palmarum: The Evolution and Classification of Palms*, 2nd edn, Royal Botanic Gardens, Kew, 2008.

Endersby, Jim, *A Guinea Pig's History of Biology: The Animals and Plants Who Taught Us the Facts of Life*, William Heinemann, 2007.

——, *Imperial Nature: Joseph Hooker and the Practices of Victorian Science*, Chicago, IL: University of Chicago Press, 2008.

——, *Orchid*, Reaktion Books (forthcoming).

Flanagan, Mark and Kirkham, Tony, *Wilson's China: A Century On*, Royal Botanic Gardens, Kew, 2009.

Fry, Carolyn, *The World of Kew*, BBC Books, 2006.

——, *The Plant Hunters: The Adventures of the World's Greatest Botanical Explorers*, Andre Deutsch, 2009.

——, Seddon, Sue and Vines, Gail, *The Last Great Plant Hunt: The Story of Kew's Millennium Seed Bank*, Royal Botanic Gardens, Kew, 2011.

Greene, E. L., *Landmarks of Botanical History*, Redwood City, CA: Stanford University Press, 1983.

Griggs, Patricia, *Joseph Hooker: Botanical Trailblazer*, Royal Botanic Gardens, Kew, 2011.

Harberd, Nicholas, *Seed to Seed: The Secret Life of Plants*, Bloomsbury, 2006.

Holway, Tatiana, *The Flower of Empire: An Amazonian Water Lily, the Quest to Make it Bloom, and the World it Created*, Oxford University Press, 2013.

Honigsbaum, Mark, *The Fever Trail: The Hunt for the Cure for Malaria*, MacMillan, 2001.

Hoyles, M., *The Story of Gardening*, Journeyman, 1991.

Jarvis, Charlie, *Order Out of Chaos: Linnaean Plant Names and Their Types*, Linnean Society of London, 2007.

Jeffreys, Diarmuid, *Aspirin: The Remarkable Story of a Wonder Drug*, Bloomsbury, 2004.

Kingsbury, Noël, *Hybrid: The History and Science of Plant Breeding*, Chicago, IL: University of Chicago Press, 2009.

Koerner, Lisbet, *Linnaeus: Nature and Nation*, Cambridge, MA: Harvard University

Press, 1999.

Lack, H. Walter and Baker, William J., *The World of Palms*, Berlin: Botanischer Garten und Botanisches Museum Berlin-Dahlem, 2011.

Loadman, John, *Tears of the Tree: The Story of Rubber – A Modern Marvel*, Oxford University Press, 2005.

Loskutov, Igor G., *Vavilov and His Institute: A History of the World Collection of Plant Genetic Resources in Russia*, Rome: International Plant Genetic Resources Institute, 1999.

Mawer, Simon, *Gregor Mendel: Planting the Seeds of Genetics*, New York: Abrams, 2006.

Money, Nicholas P., *The Triumph of the Fungi: A Rotten History*, Oxford University Press, 2007.

Morgan, J. and Richards, A., *A Paradise Out of a Common Field: The Pleasures and Plenty of the Victorian Garden*, Century, 1990.

Morton, Alan G., *History of Botanical Science: An Account of the Development of Botany from Ancient Times to the Present Day*, Academic Press, 1981.

Nabhan, Gary Paul, *Where Our Food Comes From: Retracing Nikolay Vavilov's Quest to End Famine,* Island Press, 2009.

Pringle, Peter, *The Murder of Nikolai Vavilov: The Story of Stalin's. Persecution of One of the Great Scientists of the Twentieth Century*, Simon and Schuster, 2008.

Saunders, G., *Picturing Plants: An Analytical History of Botanical Illustration*, 2nd edn, Chicago, IL: University of Chicago Press, 2009.

Schiebinger, L., *Plants and Empire: Colonial Bioprospecting in the Atlantic World*, Cambridge, MA: Harvard University Press, 2004.

Schumann, Gail Lynn, *Hungry Planet: Stories of Plant Diseases*, St. Paul, MN: APS Press, 2012.

Suttor, George, *Memoirs Historical and Scientific of the Right Honourable Joseph Banks, BART*, Parramatta, NSW: E. Mason, 1855.

Turrill, W. B., *Pioneer Plant Geography: The Phytogeographical Researches of Sir Joseph Dalton Hooker*, The Hague: Martinus Nijhoff, 1953.

Weber, Ewald, *Invasive Plant Species of the World: A Reference Guide to Environmental Weeds*, CABI Publishing, 2003.

Willis, Kathy and McElwain, Jennifer, *The Evolution of Plants*, Oxford University

Press, 2013.

网络参考信息

Darwin Correspondence Project: http://www.darwinproject.ac.uk/.

Darwin Online: http://darwin-online.org.uk.

Joseph Hooker Correspondence: http://www.kew.org/science-conservation/collections/joseph-hooker.

Royal Botanic Gardens, Kew: http://www.kew.org.

新知
文库

01 《证据：历史上最具争议的法医学案例》[美] 科林·埃文斯 著　毕小青 译

02 《香料传奇：一部由诱惑衍生的历史》[澳] 杰克·特纳 著　周子平 译

03 《查理曼大帝的桌布：一部开胃的宴会史》[英] 尼科拉·弗莱彻 著　李响 译

04 《改变西方世界的 26 个字母》[英] 约翰·曼 著　江正文 译

05 《破解古埃及：一场激烈的智力竞争》[英] 莱斯利·罗伊·亚京斯 著　黄中宪 译

06 《狗智慧：它们在想什么》[加] 斯坦利·科伦 著　江天帆、马云霏 译

07 《狗故事：人类历史上狗的爪印》[加] 斯坦利·科伦 著　江天帆 译

08 《血液的故事》[美] 比尔·海斯 著　郎可华 译　张铁梅 校

09 《君主制的历史》[美] 布伦达·拉尔夫·刘易斯 著　荣予、方力维 译

10 《人类基因的历史地图》[美] 史蒂夫·奥尔森 著　霍达文 译

11 《隐疾：名人与人格障碍》[德] 博尔温·班德洛 著　麦湛雄 译

12 《逼近的瘟疫》[美] 劳里·加勒特 著　杨岐鸣、杨宁 译

13 《颜色的故事》[英] 维多利亚·芬利 著　姚芸竹 译

14 《我不是杀人犯》[法] 弗雷德里克·肖索依 著　孟晖 译

15 《说谎：揭穿商业、政治与婚姻中的骗局》[美] 保罗·埃克曼 著　邓伯宸 译　徐国强 校

16 《蛛丝马迹：犯罪现场专家讲述的故事》[美] 康妮·弗莱彻 著　毕小青 译

17 《战争的果实：军事冲突如何加速科技创新》[美] 迈克尔·怀特 著　卢欣渝 译

18 《口述：最早发现北美洲的中国移民》[加] 保罗·夏亚松 著　暴永宁 译

19 《私密的神话：梦之解析》[英] 安东尼·史蒂文斯 著　薛绚 译

20 《生物武器：从国家赞助的研制计划到当代生物恐怖活动》[美] 珍妮·吉耶曼 著　周子平 译

21 《疯狂实验史》[瑞士] 雷托·U. 施奈德 著　许阳 译

22 《智商测试：一段闪光的历史，一个失色的点子》[美] 斯蒂芬·默多克 著　卢欣渝 译

23 《第三帝国的艺术博物馆：希特勒与"林茨特别任务"》[德] 哈恩斯－克里斯蒂安·罗尔 著　孙书柱、刘英兰 译

24 《茶：嗜好、开拓与帝国》[英] 罗伊·莫克塞姆 著　毕小青 译

25 《路西法效应：好人是如何变成恶魔的》[美] 菲利普·津巴多 著　孙佩妏、陈雅馨 译

26 《阿司匹林传奇》[英] 迪尔米德·杰弗里斯 著　暴永宁、王惠 译

27 《美味欺诈：食品造假与打假的历史》[英] 比·威尔逊 著　周继岚 译

28 《英国人的言行潜规则》[英]凯特·福克斯 著　姚芸竹 译

29 《战争的文化》[以] 马丁·范克勒韦尔德 著　李阳 译

30 《大背叛：科学中的欺诈》[美] 霍勒斯·弗里兰·贾德森 著　张铁梅、徐国强 译

31 《多重宇宙：一个世界太少了？》[德] 托比阿斯·胡阿特、马克斯·劳讷 著　车云 译

32 《现代医学的偶然发现》[美] 默顿·迈耶斯 著　周子平 译

33 《咖啡机中的间谍：个人隐私的终结》[英] 吉隆·奥哈拉、奈杰尔·沙德博尔特 著　毕小青 译

34 《洞穴奇案》[美] 彼得·萨伯 著　陈福勇、张世泰 译

35 《权力的餐桌：从古希腊宴会到爱丽舍宫》[法]让 – 马克·阿尔贝 著　刘可有、刘惠杰 译

36 《致命元素：毒药的历史》[英]约翰·埃姆斯利 著　毕小青 译

37 《神祇、陵墓与学者：考古学传奇》[德]C. W. 策拉姆 著　张芸、孟薇 译

38 《谋杀手段：用刑侦科学破解致命罪案》[德]马克·贝内克 著　李响 译

39 《为什么不杀光？种族大屠杀的反思》[美] 丹尼尔·希罗、克拉克·麦考利 著　薛绚 译

40 《伊索尔德的魔汤：春药的文化史》[德] 克劳迪娅·米勒 – 埃贝林、克里斯蒂安·拉奇 著
王泰智、沈惠珠 译

41 《错引耶稣：〈圣经〉传抄、更改的内幕》[美] 巴特·埃尔曼 著　黄恩邻 译

42 《百变小红帽：一则童话中的性、道德及演变》[美] 凯瑟琳·奥兰丝汀 著　杨淑智 译

43 《穆斯林发现欧洲：天下大国的视野转换》[英] 伯纳德·刘易斯 著　李中文 译

44 《烟火撩人：香烟的历史》[法] 迪迪埃·努里松 著　陈睿、李欣 译

45 《菜单中的秘密：爱丽舍宫的飨宴》[日] 西川惠 著　尤可欣 译

46 《气候创造历史》[瑞士] 许靖华 著　甘锡安 译

47 《特权：哈佛与统治阶层的教育》[美] 罗斯·格雷戈里·多塞特 著　珍栎 译

48 《死亡晚餐派对：真实医学探案故事集》[美] 乔纳森·埃德罗 著　江孟蓉 译

49 《重返人类演化现场》[美] 奇普·沃尔特 著　蔡承志 译

50 《破窗效应：失序世界的关键影响力》[美] 乔治·凯林、凯瑟琳·科尔斯 著　陈智文 译

51 《违童之愿：冷战时期美国儿童医学实验秘史》[美] 艾伦·M. 霍恩布鲁姆、朱迪斯·L. 纽曼、
格雷戈里·J. 多贝尔 著　丁立松 译

52 《活着有多久：关于死亡的科学和哲学》[加] 理查德·贝利沃、丹尼斯·金格拉斯 著　白紫阳 译

53 《疯狂实验史Ⅱ》[瑞士] 雷托·U. 施奈德 著　郭鑫、姚敏多 译

54 《猿形毕露：从猩猩看人类的权力、暴力、爱与性》[美] 弗朗斯·德瓦尔 著　陈信宏 译

55 《正常的另一面：美貌、信任与养育的生物学》[美] 乔丹·斯莫勒 著　郑嬿 译

56《奇妙的尘埃》[美] 汉娜·霍姆斯 著　陈芝仪 译

57《卡路里与束身衣：跨越两千年的节食史》[英] 路易丝·福克斯克罗夫特 著　王以勤 译

58《哈希的故事：世界上最具暴利的毒品业内幕》[英] 温斯利·克拉克森 著　珍栎 译

59《黑色盛宴：嗜血动物的奇异生活》[美] 比尔·舒特 著　帕特里曼·J. 温 绘图　赵越 译

60《城市的故事》[美] 约翰·里德 著　郝笑丛 译

61《树荫的温柔：亘古人类激情之源》[法] 阿兰·科尔班 著　苜蓿 译

62《水果猎人：关于自然、冒险、商业与痴迷的故事》[加] 亚当·李斯·格尔纳 著　于是 译

63《囚徒、情人与间谍：古今隐形墨水的故事》[美] 克里斯蒂·马克拉奇斯 著　张哲、师小涵 译

64《欧洲王室另类史》[美] 迈克尔·法夸尔 著　康怡 译

65《致命药瘾：让人沉迷的食品和药物》[美] 辛西娅·库恩等 著　林慧珍、关莹 译

66《拉丁文帝国》[法] 弗朗索瓦·瓦克 著　陈绮文 译

67《欲望之石：权力、谎言与爱情交织的钻石梦》[美] 汤姆·佐尔纳 著　麦慧芬 译

68《女人的起源》[英] 伊莲·摩根 著　刘筠 译

69《蒙娜丽莎传奇：新发现破解终极谜团》[美] 让-皮埃尔·伊斯鲍茨、克里斯托弗·希斯·布朗 著　陈薇薇 译

70《无人读过的书：哥白尼〈天体运行论〉追寻记》[美] 欧文·金格里奇 著　王今、徐国强 译

71《人类时代：被我们改变的世界》[美] 黛安娜·阿克曼 著　伍秋玉、澄影、王丹 译

72《大气：万物的起源》[英] 加布里埃尔·沃克 著　蔡承志 译

73《碳时代：文明与毁灭》[美] 埃里克·罗斯顿 著　吴妍仪 译

74《一念之差：关于风险的故事与数字》[英] 迈克尔·布拉斯兰德、戴维·施皮格哈尔特 著　威治 译

75《脂肪：文化与物质性》[美] 克里斯托弗·E. 福思、艾莉森·利奇 编著　李黎、丁立松 译

76《笑的科学：解开笑与幽默感背后的大脑谜团》[美] 斯科特·威姆斯 著　刘书维 译

77《黑丝路：从里海到伦敦的石油溯源之旅》[英] 詹姆斯·马里奥特、米卡·米尼奥-帕卢埃洛 著　黄煜文 译

78《通向世界尽头：跨西伯利亚大铁路的故事》[英] 克里斯蒂安·沃尔玛 著　李阳 译

79《生命的关键决定：从医生做主到患者赋权》[美] 彼得·于贝尔 著　张琼懿 译

80《艺术侦探：找寻失踪艺术瑰宝的故事》[英] 菲利普·莫尔德 著　李欣 译

81《共病时代：动物疾病与人类健康的惊人联系》[美] 芭芭拉·纳特森-霍洛威茨、凯瑟琳·鲍尔斯 著　陈筱婉 译

82《巴黎浪漫吗？——关于法国人的传闻与真相》[英] 皮乌·玛丽·伊特韦尔 著　李阳 译

83 《时尚与恋物主义：紧身褡、束腰术及其他体形塑造法》[美] 戴维·孔兹 著　珍栎 译

84 《上穷碧落：热气球的故事》[英] 理查德·霍姆斯 著　暴永宁 译

85 《贵族：历史与传承》[法] 埃里克·芒雄–里高 著　彭禄娴 译

86 《纸影寻踪：旷世发明的传奇之旅》[英] 亚历山大·门罗 著　史先涛 译

87 《吃的大冒险：烹饪猎人笔记》[美] 罗布·沃乐什 著　薛绚 译

88 《南极洲：一片神秘的大陆》[英] 加布里埃尔·沃克 著　蒋功艳、岳玉庆 译

89 《民间传说与日本人的心灵》[日] 河合隼雄 著　范作申 译

90 《象牙维京人：刘易斯棋中的北欧历史与神话》[美] 南希·玛丽·布朗 著　赵越 译

91 《食物的心机：过敏的历史》[英] 马修·史密斯 著　伊玉岩 译

92 《当世界又老又穷：全球老龄化大冲击》[美] 泰德·菲什曼 著　黄煜文 译

93 《神话与日本人的心灵》[日] 河合隼雄 著　王华 译

94 《度量世界：探索绝对度量衡体系的历史》[美] 罗伯特·P. 克里斯 著　卢欣渝 译

95 《绿色宝藏：英国皇家植物园史话》[英] 凯茜·威利斯、卡罗琳·弗里 著　珍栎 译

96 《牛顿与伪币制造者：科学巨匠鲜为人知的侦探生涯》[美] 托马斯·利文森 著　周子平 译

97 《音乐如何可能？》[法] 弗朗西斯·沃尔夫 著　白紫阳 译

98 《改变世界的七种花》[英] 詹妮弗·波特 著　赵丽洁、刘佳 译

99 《伦敦的崛起：五个人重塑一座城》[英] 利奥·霍利斯 著　宋美莹 译

100 《来自中国的礼物：大熊猫与人类相遇的一百年》[英] 亨利·尼科尔斯 著　黄建强 译